AF368264

# RÉAUMUR

Gr. in-8°, 4e série.

8° S
4458

RÉAUMUR

**MADAME LA COMTESSE DROHOJOWSKA**

née Symon de Latreiche.

---

# LES SAVANTS MODERNES ET LEURS ŒUVRES

---

# RÉAUMUR

—

# LES INSECTES

—

orné de 44 gravures.

### DEUXIÈME ÉDITION

---

LIBRAIRIE DE J. LEFORT

IMPRIMEUR ÉDITEUR

| LILLE | PARIS |
| --- | --- |
| rue Charles de Muyssart, 24 | rue des Saints-Pères, 30 |

*Tous droits réservés.*

# AVANT-PROPOS

« Indépendamment des ouvrages didactiques proprement dits, nous estimons qu'il importe de mettre entre les mains des jeunes gens des livres qui les initient de bonne heure aux méthodes des sciences d'observation, et développent en même temps chez eux l'esprit pratique. »

Le désir, ou plutôt le vœu, exprimé dans ces lignes, nous a suggéré le plan de la collection dont nous offrons les premiers volumes au lecteur, et que nous intitulons : *les Savants modernes et leurs œuvres*.

Faire mieux connaître les hommes remarquables auxquels, dans notre France, les sciences doivent les merveilleux progrès qui ont signalé notre siècle et la fin du siècle dernier; reproduire, non pas des extraits amoindris et trop souvent retouchés de leurs œuvres, mais des parties entières (1) et textuelles de leurs travaux; en un mot, montrer l'homme, sa méthode, ses découvertes et son style, tel est le but que nous nous proposons.

(1) Sauf bien entendu certains détails techniques qui ont dû être supprimés.

L'histoire naturelle ayant par elle-même un grand attrait, c'est par un groupe de grands naturalistes que nous avons commencé cette série de portraits et d'études.

Après le portrait de Buffon, qui a fait le sujet de notre premier volume, nous avons dû tracer celui de Réaumur, dont les travaux antérieurs nous eussent occupé en premier lieu, si nous n'avions suivi que l'ordre chronologique dans le classement de nos sujets.

Au point de vue de l'application des découvertes scientifiques, jamais savant ne se montra plus jaloux que Réaumur de faire servir les travaux de la science pure aux progrès de l'agriculture et de l'industrie, à l'amélioration, en un mot, du bien-être général; aussi est-ce à lui, en grande partie, que revient l'honneur d'avoir ouvert la voie à ces bienfaiteurs de l'humanité dont les travaux assidus, les efforts patients, les découvertes admirables ont, à notre époque, transformé les arts et l'industrie.

Au point de vue de la forme, nous devons avouer que le style de Réaumur n'a rien de cette pompe majestueuse qui fait de Buffon le prince des écrivains aussi bien que le prince des naturalistes. La tournure en est quelque peu familière; mais, par cela même, elle est en rapport avec la nature des sujets qu'il se plaît à traiter.

« Quelques critiques lui ont reproché de la diffusion et trop de minuties dans les détails; mais ces défauts sont amplement rachetés par des qualités inimitables. Trente années d'études assidues avaient identifié, dans toute l'acception du mot, Réaumur avec les objets de ses recherches ; nul, en ce qui touche, par exemple, à la partie de son œuvre que nous avons choisie pour la reproduire, n'a connu commé lui les secrets de la vie des insectes, et ses tableaux, pleins de charmants détails et d'aperçus d'une haute portée philosophique, révèlent à chaque page le savant profondément pénétré de l'harmonie souveraine qui préside à l'organisation de l'univers. »

Scarabée.

# RÉAUMUR

## I

RÉAUMUR appartenait à ce qu'on appelait alors une famille de robe. Son père, René Ferchault, seigneur de Réaumur, conseiller au Présidial de La Rochelle, le destinait à la magistrature. Son éducation fut dirigée vers ce but. Elève brillant du collège de La Rochelle d'abord, et de celui de Poitiers ensuite, il fut envoyé à Bourges pour y faire son droit. Il avait alors dix-sept ans.

Ici se place une circonstance qui, mieux que tous les éloges, prouve quelle confiance le jeune étudiant inspirait à sa famille. M. de Réaumur n'hésita pas à confier à ses soins et à sa direction son second fils, et on vit le frère aîné, non seulement se montrer un maître sage et prudent, mais encore déployer la sollicitude d'un père.

Quand on entre ainsi dans la vie par la porte du devoir et du travail, par des affections de famille bien senties, on pose de sa propre main les jalons de son avenir.

Réaumur en est une preuve. Son droit achevé, au lieu de s'engager dans la carrière que son père lui avait préparée, il se sentit attiré, par une passion irrésistible, vers une autre voie.

Fils trop respectueux pour aller à l'encontre des vœux de sa famille, il se fût certainement fait violence et eût ainsi, par la force de sa propre volonté, brisé une des plus brillantes et des plus réelles vocations scientifiques de son temps, si l'ascendant, que la maturité précoce de son caractère lui avait fait prendre sur son père, n'eût porté celui-ci à se rendre à ses désirs, peut-être même à les prévenir.

Ainsi maître de son sort, Réaumur n'hésita pas à se livrer, sans partage, au goût qui l'entraînait vers l'étude des sciences naturelles; goût que sa position de fortune, son désintéressement de toute espèce d'ambition, et surtout ses habitudes simples et studieuses, lui permettaient de satisfaire.

Comment cette passion était-elle née et s'était-elle développée?

Travailleur assidu, infatigable, et peu amateur des plaisirs bruyants, que recherchent volontiers à toutes les époques les jeunes gens de son âge, et qui, au xviii<sup>e</sup> siècle, tenaient, dans la vie des jeunes gentilshommes, une place bien plus absorbante qu'à tout autre temps, Réaumur ne se permettait d'autres distractions que de longues promenades aux environs de la ville; promenades faites tantôt seul, tantôt en compagnie de son jeune frère, et pendant lesquelles toute son attention se concentrait sur les mille petits phénomènes qui se produisent continuellement au sein de la nature, mais que si peu de gens savent observer. Une fleur, un brin d'herbe, un insecte, une fourmi pliant sous la charge que, ménagère attentive, elle va emmagasiner, une araignée tissant sa toile ou guettant sa proie, voire même un simple petit caillou, captivaient quelquefois son attention pendant des heures entières.

Ainsi se développait le rare esprit d'investigation dont il était doué; ainsi s'amassait, bien avant qu'il songeât encore à l'utiliser pour l'avenir, la somme prodigieuse d'observations et de connaissances qui, dès son entrée dans le monde savant, devaient attirer tous les regards sur lui.

Cette sagacité singulière, cette aptitude presque merveilleuse à surprendre les secrets de la nature, devaient d'ailleurs être déjà bien remarquables, puisque, ainsi que nous l'avons dit, M. Réaumur permit à son fils, si même il ne le lui conseilla, d'abandonner l'étude des lois pour celle des sciences.

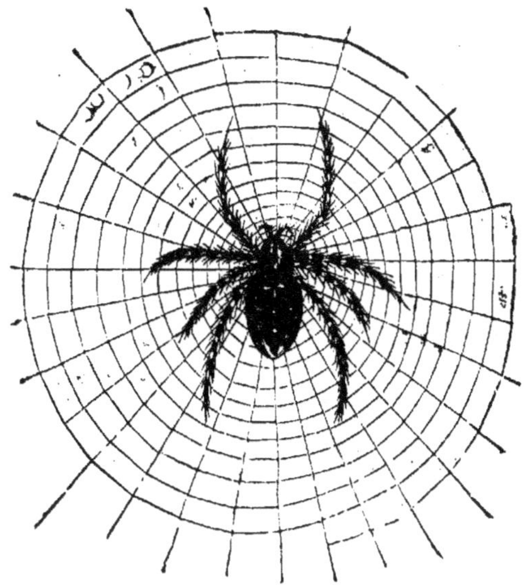

Araignée avec sa toile.

Trop consciencieux avec lui-même pour ne pas comprendre que qui veut parcourir utilement une carrière, doit commencer par poser des bases solides aux travaux à venir, et porté d'ailleurs, par la nature même de son esprit et de son caractère, vers les études sérieuses, le jeune étudiant aborda les mathématiques avec toute l'ardeur de son âge.

Cette ardeur, loin de se refroidir, augmenta à mesure que Réaumur, s'élevant sur les ailes puissantes de la science, arrivait à dissiper les obscurités et à pénétrer les beautés de cette branche si importante des connaissances humaines, qu'on n'hésite pas à lui donner le pas sur toutes les autres, dont elle est d'ailleurs, en quelque sorte, la clef et la régulatrice.

Il n'y a donc pas lieu de s'étonner qu'au dire de ses biographes, il y fit des progrès rapides, et y développa des aptitudes qui étonnèrent ses maîtres et bientôt même les déroutèrent.

Se sentant dès lors capable de se mesurer avec les naturalistes et les physiciens les plus éminents de l'époque, Réaumur vint à Paris. C'était en 1703, et il n'avait pas vingt ans.

Le jeune homme n'avait pas trop présumé de ses forces.

Introduit dans le monde savant par le président Hénault, son parent, il y fut accueilli avec une bienveillance et un empressement qui, en le débarrassant tout d'abord de cette timidité, de cette hésitation si souvent funestes aux nouveaux débarqués de province, lui permirent de se faire immédiatement juger et apprécier.

Dès lors, on put, sans se targuer du don de prophétie, prévoir ce que lui réservait l'avenir. Les hommes compétents en matière d'aptitudes scientifiques purent lui décerner par avance le surnom, qui devait lui être donné plus tard, du *Pline du XVIII<sup>e</sup> siècle*. Rien, en effet, de ce qui touche aux sciences ne semblait avoir pour lui de difficultés, et il savait contraindre la nature à lui dévoiler tous ses mystères.

Dès 1708, à peine âgé de vingt-quatre ans, un mémoire de géométrie, présenté par lui à l'Académie des sciences, le faisait admettre dans ce corps illustre, dont il devait être, pendant près de cinquante ans, un des membres les plus actifs, les plus utiles et les plus justement célèbres.

Dès la même année — 1708, — il donna une manière générale de trouver une infinité de courbes, décrites par le mouvement de l'extrémité d'une ligne droite, qui, parcourant par l'autre bout une courbe donnée, est assujettie à passer

toujours par le même point. M. Caire avait résolu ce problème
en 1705, mais il n'avait considéré que le seul cas dans lequel
la courbe génératrice était un cercle. Réaumur entreprit de
le porter à sa plus grande généralité. En effet, sa théorie
s'applique à toutes les courbes possibles et ne laisse rien à
désirer sur cette matière.

L'année suivante fut marquée par un autre ouvrage sur
les *Développées* (1). Cet ouvrage fut le dernier mémoire de
mathématiques que donna Réaumur.

Il s'était déjà chargé de concourir à la description des arts
et métiers, à laquelle l'Académie travaillait, et ne se bornant
point à faire connaître l'état où se trouvaient les arts qui
lui étaient échus en partage, il cherchait à les perfectionner,
rendant ainsi à l'industrie française des services aussi nombreux que variés. Par des applications de la physique et de
l'histoire naturelle, en même temps que par des observations
précieuses sur les procédés employés par les différents corps
de métiers, il eut souvent occasion d'ajouter aux connaissances
sur les propriétés des êtres naturels ou sur les phénomènes
de la nature (2).

Ces travaux et son goût pour l'histoire naturelle achevèrent
de l'entraîner vers d'autres recherches et ne lui permirent
plus que quelques applications, toujours utiles et ingénieuses,
de la géométrie à ces différents objets.

En 1709, il présenta à l'Académie, sur la formation des
coquilles, un mémoire qui fit sensation dans le monde savant
et intéressa même les simples particuliers.

On ignorait encore si les coquilles croissaient comme le reste
du corps animal par une intussusception, ou par l'addition
extérieure et successive de nouvelles parties. Les observations

(1) Pour les explications techniques, que nous ne pouvons donner ici,
nous renvoyons nos lecteurs à l'éloge de Réaumur prononcé à l'Académie
des sciences, en 1757, par Grandjean de Fouchy ; éloge qui nous a guidé
pour cette notice. (*Recueil de l'Académie des sciences*, année 1757, p. 261.)

(2) Cuvier. — *Biographie universelle* de Michaud.

fines et délicates de Réaumur levèrent cette incertitude, et apprirent que les coquilles se forment par l'addition de nouvelles parties, et même que cette addition est la cause de la variété des couleurs, de figure et de grandeur qu'elles affectent ordinairement.

Les observations que ces recherches l'amenèrent à faire sur les limaçons, lui firent découvrir un insecte singulier, qui vit non seulement sur ces animaux, mais dans l'intérieur de leur corps, d'où il ne sort que lorsque le limaçon l'a chassé; elles lui donnèrent de même occasion de démêler le mouvement progressif d'un grand nombre de coquillages et la

Colimaçon.

prodigieuse variété des organes que l'Auteur de la nature a employés pour ce seul usage dans les différentes espèces de ces animaux.

On sera peut-être surpris que, dans la même année qui doit paraître bien remplie par ce que nous venons de rapporter, Réaumur ait pu donner un travail tout différent, quoique du même genre : l'*Histoire de la soie des araignées.*

Les expériences de M. Bon, premier président de la Chambre des comptes de Montpellier, avaient démontré que les araignées savent filer une soie qui pourrait être utilement employée ; mais il restait encore à voir s'il était possible de nourrir ces insectes en assez grande quantité et sans des frais qui excédassent le profit qu'on en pouvait tirer.

L'ingénieux académicien entreprit cette pénible recherche, et il en résulta que la découverte de M. le président Bon n'était que de simple curiosité, et que le commerce n'en pourrait tirer aucun avantage.

Ce travail, porté en Chine avec les *Mémoires de l'Académie*, attira l'attention du célèbre Cam-Hi, qui régnait alors. Ce prince le fit traduire en tartare, voulut que trois des princes, ses fils, l'étudiassent avec soin et lui en rendissent

Etoile de mer.

compte, et ajouta que pour avoir une si grande ardeur de découvrir, il fallait être Européen.

On savait depuis longtemps que plusieurs animaux marins sont attachés à différents corps solides, soit que cette adhésion soit perpétuelle, soit qu'elle puisse cesser à la volonté de l'animal; mais on ignorait par quels moyens elle s'opère. Réaumur entreprit de découvrir ces moyens, et on doit à ses recherches la connaissance des filières, des moules et des

pinces marines, celle de l'usage du prodigieux nombre de
jambes de l'étoile de mer, pour s'attacher aux corps solides,
de la glu qu'emploient d'autres animaux pour la même fin, de
la nature et des habitudes des oursins, de la singularité de
l'anémone de mer qui, après avoir attiré l'attention par le port
gracieux de son espèce de corolle et l'éclat de ses couleurs,
présente à la main qui veut la cueillir non plus une fleur, mais
un petit être organisé, une plante vivante si l'on peut ainsi
parler.

Ces mêmes recherches apprirent à Réaumur la connaissance

Oursin.

d'un autre phénomène bien singulier, qu'il ne cherchait pas.
Elles lui firent découvrir un poisson différent de celui qui
fournissait la pourpre aux anciens, et qui jouit de la même propriété, et de plus des grains semblables à des œufs de poissons qui se rencontrent en très grande abondance sur les côtes
du Poitou. Ces grains donnent, en les écrasant, une teinture
jaunâtre, très solide, et qui, exposée à l'air, devient, dans
peu de minutes, d'un très beau pourpre.

Un travail d'un tout autre genre occupait en même temps
notre savant physicien. Il faisait des expériences pour déterminer si la force d'une corde était plus grande ou moindre

que la somme des forces des cordons qui la composent. Ces expériences décidèrent, contre l'opinion reçue jusqu'alors, que la force de la corde était moindre que la somme de celles de ses cordons, d'où il suit nécessairement que moins une corde diffère d'un assemblage de cordons parallèles, c'est-à-dire moins elle est tordue et plus elle doit être forte ; paradoxe de mécanique, alors bien singulier, que les expériences de M. Duhamel devaient mettre, bientôt après, au rang des faits démontrés.

Tous les habitants des bords de la mer et des rivières assuraient que lorsque les écrevisses, les crabes, les homards

Anémone de mer.

perdaient une de leurs pattes, il leur en revenait une autre. Mais comment admettre un pareil phénomène? C'était, disait-on, renverser toutes les lois de la saine physique.

Réaumur, qui savait par expérience que souvent ce qui paraît le moins vraisemblable n'en est pas moins vrai, n'hésita pas à étudier la question, et trouva que, sur ce point, les physiciens avaient tort et le peuple raison. Il démêla, de plus, toutes les circonstances de cette reproduction, circonstances plus singulières peut-être encore que le fait même.

Diverses propriétés attribuées aux grenouilles, et en particulier à l'espèce rainette, et notamment celle de sentir et d'annoncer la pluie, furent étudiées par notre infatigable et habile observateur, avec le même soin et le même bonheur. Il donna encore l'explication d'une merveille de la mer, restée inexpliquée jusqu'à lui.

La *torpille* ou *tremble* était redoutée de tous ceux qui la connaissaient, par la propriété qu'elle a d'engourdir le bras et la main qui la touchent. On avait tenté depuis longtemps, mais inutilement de pénétrer le secret de ce phénomène. On en était réduit aux grandes difficultés : à une émission de corpuscules torporifiques.

Réaumur eut le courage de tenter des expériences dangereuses et l'avantage de démêler, à l'aide de l'anatomie, l'admirable structure des muscles qui, par la vitesse des coups qu'ils donnent, produisent l'engourdissement que l'on ressent en touchant la torpille.

## II

Les objets dont nous venons de parler n'intéressaient que la curiosité physique ; ceux qui vont suivre sont d'un genre différent, ils vont directement au bien de la société.

Le premier fut la découverte des mines de turquoises. La Perse était regardée comme le seul lieu de l'univers où les turquoises, du moins les belles, prissent naissance ; on en était si bien persuadé, qu'on regardait comme turquoises orientales toutes celles qu'on trouvait parfaites.

Le travail que Réaumur avait entrepris sur les arts lui fit connaître l'existence des mines de cette matière, autrefois exploitées en Languedoc, mais depuis longtemps abandonnées. Il sollicita des ordres nécessaires pour les visiter et en extraire des morceaux ; il fit des expériences pour connaître le degré de feu qui leur donne la couleur ; il détermina la forme et la dimension des fourneaux, et il résulta de ses recherches que les turquoises sont des os fossiles pétrifiés (1), colorés par une dissolution métallique que la chaleur y fait étendre, et que, de

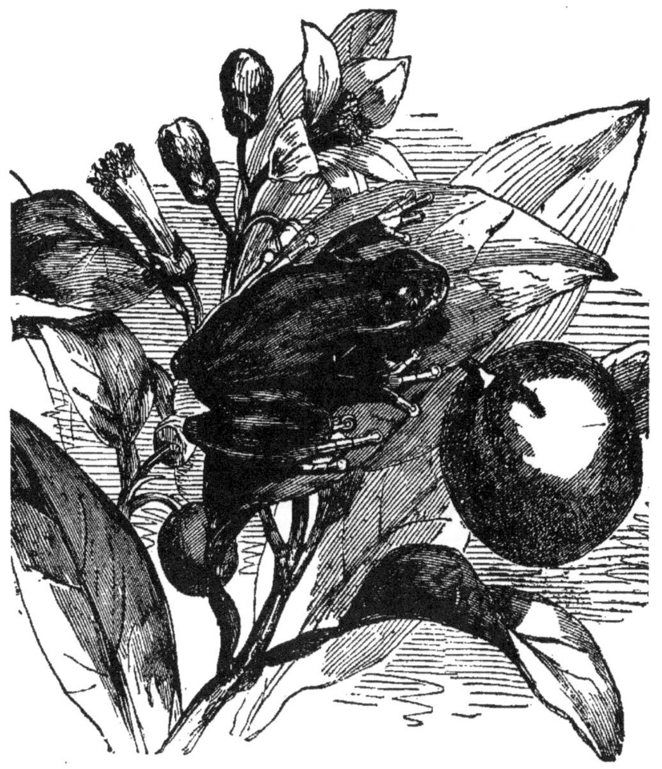

Rainette.

plus, celles de France ne le cèdent ni en grosseur, ni en beauté aux plus parfaites qui se trouvent en Perse.

L'art de faire les perles fausses, par lequel les hommes sont venus à bout de contrefaire si admirablement une des plus

(1) Il a été établi plus tard que ces os appartiennent à l'animal fossile appelé mastodonte.

belles productions de la nature qu'elle en a presque perdu tout son prix, n'avait pas échappé à Réaumur ; mais il y joignit une recherche bien intéressante pour la physique : ce fut celle de la matière qui donne la couleur aux perles fausses, et qui se tire d'un petit poisson nommé *able* ou *ablette*. Cette recherche sur les perles fausses fut suivie d'un examen de la nature des véritables perles, que le savant physicien regarde comme une maladie de l'huître qui les contient. C'est les faire bien descendre de l'origine céleste qu'on leur attribuait autrefois.

L'histoire des rivières aurifères de France occupa ensuite Réaumur. Dans le mémoire qu'il publia sur ce sujet, avec le détail de l'art si simple qu'on emploie à retirer les paillettes d'or que ces rivières coulent dans leur sable, on voit briller à chaque ligne le charmant esprit du savant écrivain.

# III

Nous ne saurions, sans dépasser les bornes qui nous sont prescrites, parler ici de tous les travaux intéressants dont l'habile et infatigable physicien a enrichi les mémoires de l'Académie. Telles sont ses recherches sur le banc de coquilles fossiles, dont on tire en Touraine cette immense quantité de fragments qui servent à fertiliser les terres ; sur la nature des cailloux qu'il fait voir n'être que des pierres plus pénétrées de sucs pierreux, plus lapidifiées, s'il est permis d'user de ce mot, que les pierres ordinaires, mais moins cependant que le cristal de roche ; sur le oostoch, cette plante singulière qui ne paraît qu'après les grandes pluies d'été, sous une forme

gélatineuse, et hors de là devient invisible ou du moins
méconnaissable ; sur la lumière des dects, espèce de coquil-
lage qui luit dans l'obscurité avec d'autant plus de force qu'il
est plus frais ; sur la facilité avec laquelle le fer et l'acier
s'aimantent par la percussion.... Nous supprimons, dis-je,

Cristal de roche.

l'analyse de tous ces ouvrages et de bien d'autres qui auraient
pu, à juste titre, faire une réputation brillante à un physicien, et nous en venons à des sujets plus grands, plus intéressants, et par conséquent plus dignes de leur auteur ; car si
la gloire de grand physicien fut chère à Réaumur, celle de
bon citoyen, d'homme utile le flatta toujours davantage.

Nous ne doutons donc pas que lui-même attachât une
plus sérieuse importance au travail qu'il publia, en 1722,
sous ce titre : *L'art de convertir le fer en acier et d'adoucir
le fer fondu*, qu'à aucun de ceux qui avaient précédé, pour
autant qu'il eût mis à ceux-ci d'esprit, d'ingéniosité et de
véritable savoir.


# IV


Personne n'ignore les usages infinis du fer sous les trois
formes de fer fondu ou fonte de fer, de fer forgé ou en barre,
et enfin d'acier.

Dans le premier de ces états, le fer est susceptible de fusion.
Mais, aigre et dur, il refuse également de se laisser étendre
sous le marteau et de se laisser entamer par le ciseau. Dans
le second cas, il est malléable et se peut limer et couper ;
mais il a perdu la propriété d'être fusible sans addition. Dans
le troisième, il acquiert une propriété bien plus singulière,
celle de durcir et de devenir cassant, si, après l'avoir chauffé
jusqu'à rougir, on le trempe dans l'eau froide ; c'est ce qu'on
nomme *tremper l'acier*.

Or, l'art de convertir le fer forgé en acier était un secret
absolument ignoré en France, et possédé par des étrangers
qui tiraient de nous de très grosses sommes pour cette espèce
de produit.

En étudiant les procédés employés dans les différentes
branches d'industrie qu'il avait été chargé de décrire, Réaumur avait souvent eu occasion d'observer le fer dans ses
différents états ; il avait reconnu que l'acier ne diffère du fer

forgé qu'en ce qu'il a plus de soufre et plus de sels. C'en fut
assez pour l'engager à rechercher les moyens de donner au
fer ce qui lui manque pour être acier, et, après un nombre
infini de tentatives, dont l'insuccès ne le rebuta point, il parvint
au but qu'il s'était proposé : convertir le fer forgé en acier de
telle qualité qu'il le voulait.

Ce travail, après plusieurs tentatives que divers accidents
vinrent renverser, transporta cependant chez nous, du vivant
même de Réaumur, un art duquel nos voisins étaient si jaloux,
et plaça la France au premier rang parmi les nations
productives de cette branche si considérable de l'industrie
métallurgique.

Cependant les mêmes expériences, qui avaient montré à
Réaumur que l'acier ne différait du fer que parce qu'il avait
plus de soufre et plus de sels, lui avaient aussi appris que la
fonte de fer ne différait du fer forgé que parce qu'elle en avait
trop, c'est-à-dire qu'elle était de l'acier trop acier. Il chercha
donc à lui ôter ce trop, et il y réussit au point de produire des
ouvrages de fer fondu aussi bien préparés que ceux de fer
forgé, et qui ne devaient pas, comme prix de revient, coûter la
vingtième partie. Nous ne dissimulons pas qu'on a reproché
des défauts à la fabrication imaginée par Réaumur, et que les
premiers établissements de cette fabrication ont échoué ; mais
ne s'est-on pas un peu trop tôt lassé de perfectionner cet art
et peut-être aussi trop pressé de le condamner (1).

Quoi qu'il en soit, Réaumur a ouvert en cette partie une
nouvelle carrière, et on lui aura toujours l'obligation d'avoir
enseigné aux hommes un art absolument ignoré jusque-là.

Le régent crut devoir récompenser ce service rendu à
l'Etat, par une pension de douze mille livres. Réaumur pouvait

(1) Depuis que Fouchy, dont nous reproduisons l'opinion, prononçait
l'éloge de Réaumur, l'art de la fonte du fer a fait en France et dans
tout le monde civilisé des progrès qui n'ont pas besoin d'être indiqués.
Tout le monde sait le rôle que la fonte de fer joue dans les arts, dans
l'industrie et dans les usages économiques de la vie publique et privée.

l'accepter sans conditions, et bien d'autres l'eussent fait à sa place ; mais il osa porter ses vues plus loin : il demanda au régent que cette pension fût mise sous le nom de l'Académie et lui demeurât acquise pour en jouir après sa mort et subvenir aux expériences nécessaires au perfectionnement de l'industrie : idée bien digne d'un savant français.

Le régent sentit toute la noblesse de ce procédé et accorda la demande. Les lettres patentes, qui assuraient ces fonds à l'Académie et lui en prescrivaient l'usage, furent expédiées le 22 décembre 1722 et enregistrées en la chambre des comptes.

L'Académie les a exactement touchés et fidèlement employés jusqu'à l'époque de la Révolution.

La découverte de cet art fut bientôt suivie de celle d'un autre, également inconnu alors en France et qui nous rendait tributaires de l'étranger : le fer-blanc, ces légères feuilles de fer étamées, qui sont d'un usage si commode et si étendu, ne se fabriquait qu'en Allemagne.

Ce n'est pas qu'on ne sût chez nous que le fer blanchi s'étame très facilement, lorsqu'après l'avoir frotté ou saupoudré de sel d'ammoniaque, on le plonge dans l'étain fondu ; mais si l'on eût entrepris d'enlever aux feuilles de fer noir leurs écailles et de les étamer par cette méthode, elles auraient beaucoup plus coûté que les feuilles étamées venues d'Allemagne ; il devait donc y avoir un moyen rapide et peu coûteux de nettoyer et de découper ces feuilles.

Réaumur entreprit, sur les plus légers indices, de chercher le secret dont les manufacturiers allemands étaient si jaloux, et il le trouva. Il imagina de faire tremper les feuilles de fer dans une eau de son aigrie, et de les laisser ensuite rouiller dans une étuve ; après quoi il vit se détacher l'écaille du fer qu'il acheva d'enlever aisément par un simple récurage. Les trouvant alors parfaitement en état d'être étamées, il les plongea dans un creuset rempli d'étain fondu que recouvrait une couche de suif d'un doigt ou deux d'épaisseur. Ce suif devait, d'une part, empêcher l'étain de se convertir en chaux et, d'autre part, fournir, en se brûlant, assez de sel ammoniaque à la feuille de fer qui le traversait, pour lui permettre de s'imprégner convenablement d'étain.

Ce procédé, imaginé et perfectionné par Réaumur, dota rapidement la France de manufactures florissantes, et, par l'abaissement qu'elle apporta dans les prix de vente du fer-blanc, en répandit l'emploi et donna l'essor à une foule de petites industries inconnues auparavant.

## V

Un quatrième art, que la France doit tout entier à l'illustre physicien — et qui nous semble mériter à lui seul un paragraphe, — est celui de la fabrication de la porcelaine.

On avait toujours cru que la Chine et le Japon étaient privilégiés, tant par la nature que par l'industrie, sous ce rapport. L'extrême Orient possédait seul, disait-on, la terre précieuse propre à former ces vases que, dans tous les siècles, on a admirés et recherchés.

En vain la Saxe s'était procuré une manufacture de porcelaines ; en vain, en France même, on avait obtenu des produits très imparfaits, il est vrai, mais qui n'en étaient pas moins de la porcelaine.

Rien n'avait pu éveiller l'attention des physiciens français, ou si cette attention avait été excitée, leurs tentatives étaient demeurées inutiles, et le secret de la porcelaine, soigneusement gardé en Saxe, était demeuré pour nous lettre close.

Des observations très simples sur les cassures du verre, de la porcelaine et de la poterie de terre apprirent à Réaumur

qu'on devait regarder la porcelaine comme une demi-vitri
fication. Or, une demi-vitrification se peut obtenir ou en
exposant au feu une matière vitrifiable et l'en retirant avant
qu'elle soit complètement vitrifiée, ou en composant la pâte de
deux matières, dont l'une se vitrifie et l'autre puisse soutenir
le feu le plus violent sans changer de nature.

Une épreuve aisée pouvait faire voir si la porcelaine de
Chine était de l'une ou de l'autre espèce ; il ne fallait que l'ex-
poser à un feu violent. Si elle était une matière à demi vitrifiée,
elle devait se convertir en verre ; si, au contraire, elle était
de la seconde espèce, elle devait soutenir, sans changer, le feu
le plus vif. Ce fut, en effet, ce qui arriva : la porcelaine de
Chine resta porcelaine, et toute celle d'Europe se changea en
verre ; ce qui montrait bien la différence de leur nature. Mais
en sachant que la porcelaine de Chine était formée de deux
matières, encore fallait-il savoir quelles elles étaient, et si la
France en produisait de pareilles.

Les mémoires et les échantillons envoyés par les Jésuites
français, missionnaires en Chine, comparés avec ceux que
les soins du régent avaient engagé les intendants des différentes
provinces de faire remettre à Réaumur, eurent bientôt fait
voir au savant physicien que nous possédions, en ce point,
mieux que la Chine, et qu'il ne tenait qu'à nous de mettre nos
trésors en œuvre.

Il en fit des essais qui réussirent parfaitement. Il imita de
même la porcelaine d'Europe, et transporta, par ce moyen, en
France, un art qui lui était absolument étranger.

Il fit plus, il imagina une troisième espèce de porcelaine,
capable de résister au feu le plus vif. Celle-ci n'est que du
verre recuit avec des précautions faciles à prendre, et si elle
n'a pas autant d'éclat que les deux autres, le peu qu'elle coûte
et la facilité que l'on a de s'en procurer partout les matériaux,
en doivent rendre la découverte précieuse (1).

(1) L'appréciation du savant académicien, auteur de l'éloge de Réaumur

Un autre travail, peut-être plus intéressant pour la physique que ceux dont nous venons de parler, suivit ceux-ci. Les thermomètres ordinaires, dits de Florence, marquaient bien l'augmentation du chaud et du froid, mais chacun la marquait, pour ainsi dire, à sa manière, et, par conséquent, la chaleur et le froid indiqués par l'un ne pouvaient être comparés à ceux qui étaient marqués par un autre. Le thermomètre n'apprenait donc rien autre chose, sinon que dans l'endroit où il était placé la température avait varié, c'est-à-dire qu'il y faisait plus ou moins chaud, mais sans que ce plus ou moins de chaleur pût être comparé à celui de tout autre endroit.

Cet inconvénient avait déjà frappé un autre savant académicien, Amontons, qui, en 1703, avait fait des recherches et écrit un mémoire sur ce sujet, mais sans que ses vues, tout ingénieuses qu'elles fussent, eussent abouti à une solution pratique.

Réaumur reprit la question, et il n'eut pas de peine à démêler la source des inconvénients qu'offrait l'appareil simplement ébauché avant lui par Galilée et Digby. Ces inconvénients provenaient de l'inégalité du terme d'où l'on faisait partir la division, de celle du calibre du tuyau, et enfin de la différente dilatabilité de l'esprit de vin qu'on employait. Pour obvier à toutes ces sources d'erreurs, il prit pour terme

et son contemporain, demande, en ce qui touche à la porcelaine, à être rectifiée. Les travaux de Réaumur, jugés d'abord comme décisifs en tant que succès, étaient loin de l'être. Il n'en reste pas moins toutefois le premier et vrai inventeur en France, ou plutôt en Europe, de cet art dont l'Orient avait jusqu'alors si soigneusement gardé le secret et qui devait faire chez nous de si rapides progrès.

En effet, s'il ne réussit pas complètement, c'est du moins d'après ses indications que, un peu plus tard, Darcet et surtout Macquer sont parvenus à découvrir la terre qui produit cette belle porcelaine dure dont nous avons aujourd'hui tant de fabriques.

Mais ce que Réaumur trouva, ce fut un procédé qui n'est pas sans utilité, celui de procurer au verre une blancheur et une opacité qui le fait ressembler, à quelques égards, à de la porcelaine, sorte de verre que l'on nomme encore maintenant *porcelaine de Réaumur*.

ou zéro de sa division, le point où s'élève la liqueur lorsque la boule est plongée dans l'eau qui commence à se glacer ; il donna les moyens de régler les divisions proportionnellement à l'augmentation de la liqueur, et non par les parties aliquotes de la longueur du tuyau ; enfin il enseigna à réduire l'esprit de vin à un degré constant de dilatabilité. Ces circonstances réunies donnèrent à ses thermomètres une si grande uniformité de marche, qu'ils firent aussitôt abandonner toutes les autres constructions et furent adoptés presque universellement par tous les physiciens. Le nom de Réaumur est resté attaché à ces instruments, grâce auxquels on peut comparer la température des climats les plus éloignés et conserver dans toutes les expériences des degrés égaux de chaud et de froid. C'est pour la gloire de l'illustre physicien français un monument plus durable qu'une colonne ou qu'un obélisque. On comprend aisément et on n'oubliera jamais que cet ingénieux perfectionnement a « fait une époque mémorable dans la science. »

# VI

Pendant que Réaumur était occupé de tous ces objets, il en suivait encore un autre de grande étendue et capable à lui seul d'occuper la vie entière d'un physicien : il travaillait à l'histoire des insectes, dont le premier volume parut en 1734.

Nous ne nous étendrons pas ici sur cet important travail ; une analyse de ces mémoires, tous remplis de sagaces observations, de fines remarques, en un mot, de savoir et d'esprit, serait superflue, puisque quelques-uns d'entre eux vont faire le sujet du présent volume.

Le dernier art dû aux soins de Réaumur a été celui de conserver les œufs, de faire éclore et d'élever les oiseaux sans
le secours de l'incubation.

On savait depuis longtemps que les Egyptiens connaissaient
le moyen de substituer à l'incubation l'action d'un feu sage-
ment ménagé ; mais le détail du procédé était inconnu. Les
Berméens, seuls possesseurs de l'art de conduire les fours à
poulets, en faisaient un mystère impénétrable. Eût-on pu,
d'ailleurs, leur dérober leur secret, il est plus que vraisemblable que la différence de climat ne nous eût pas permis de
l'utiliser. Toutes ces difficultés n'arrêtèrent pas Réaumur ;
il dévoila le secret des Berméens, il inventa une infinité de
manières d'employer avec succès le feu, souvent même celui
servant à d'autres usages ; il y substitua la chaleur du fumier,
inventa de longues cages où les petits, nouvellement éclos,
sont mis comme en dépôt ; des boîtes fourrées qui leur
servent de mère pour les couver quand ils en ont besoin ; il
proposa des nourritures de leur goût et qui se peuvent trouver partout en abondance ; en un mot, on peut dire que l'art
qu'il imagina, pour le substituer à celui des Egyptiens, est
autant au-dessus du leur que les connaissances de Réaumur
étaient au-dessus de celles des Berméens.

Ses recherches lui apprirent encore qu'on peut conserver
des œufs frais, aussi longtemps qu'on le veut, en les enduisant
de vernis, d'huile, de graisse, en un mot de quelque matière
qui puisse boucher les pores de la coquille et soustraire ce
qu'elle contient à l'action de l'air (1).

Par cet ingénieux moyen, on peut, non seulement conserver
les œufs tant qu'on le juge à propos, mais encore faire venir,

(1) On se sert généralement aujourd'hui d'eau de chaux, dans laquelle
on laisse baigner l'œuf jusqu'au moment de l'employer. Ce procédé est
bon comme moyen de conservation, mais il communique parfois aux
œufs une saveur désagréable. De plus, il ne peut s'appliquer qu'aux
conserves d'œufs destinés à l'alimentation, l'action de la chaux les rendant impropres à être couvés.

en œufs susceptibles d'être couvés, une infinité d'oiseaux rares et trop délicats pour soutenir la fatigue d'une longue traversée.

Puisque nous parlons des oiseaux et des moyens de répandre en Europe l'acclimatation de ceux des contrées les plus lointaines, nous devons ajouter que la question de la conservation des œufs et de leur incubation ne fut pas la seule qui, en ce qui les concerne, occupa notre savant naturaliste.

Une collection d'oiseaux desséchés, qu'il avait trouvé le secret de se procurer et de conserver, lui donna lieu d'en étudier un grand nombre de différentes espèces et de faire des expériences singulières qui ont jeté un grand jour sur une question importante d'anatomie. On était, à cette époque, extrêmement partagé sur la manière dont se fait la digestion dans le corps animal; les uns voulaient que ce fût par trituration, c'est-à-dire que l'estomac broyât les aliments; les autres, au contraire, soutenaient que la digestion s'opérait par des dissolvants, et sans que l'action de l'estomac y eût aucune part; les expériences de Réaumur firent voir que l'une et l'autre manière de digérer étaient en usage, que la digestion des oiseaux carnassiers se faisait absolument par des dissolvants, que les autres digéraient par trituration, et que la force de l'estomac de ceux-ci était suffisante pour broyer les matières les plus dures.

Ces observations sur les oiseaux amenèrent des remarques curieuses sur l'art avec lequel les différentes espèces savent construire leurs nids. Il en fit part à l'Académie, en 1756, et c'est le dernier ouvrage qu'il lui ait communiqué.

Il n'avait cependant pas discontinué ses travaux; l'âge n'avait nullement affaibli son ardeur; il jouissait d'une santé qui semblait à l'épreuve, et ses collègues pouvaient espérer de le posséder encore plusieurs années parmi eux, lorsqu'un accident imprévu vint inopinément mettre un terme à cette vie si utilement employée.

Malgré la vigueur de tempérament qu'il devait, sans nul doute, à la sagesse avec laquelle il avait vécu, et qu'il avait conservée jusqu'aux limites ordinaires de la vieillesse, ses amis s'inquiétaient, depuis quelques années, de le voir chaque été entreprendre le voyage, alors si long et si fatigant du Poitou, où il avait coutume d'aller passer ses vacances. Plusieurs fois déjà ils avaient insisté sans succès pour le faire renoncer à cette habitude ; plus persuasifs en 1757, ils obtinrent qu'il se contentât d'aller à la Bermondière, terre située dans le Maine et que lui avait léguée un de ses amis.

Ce fut là qu'il fit une chute qu'on considéra d'abord comme peu dangereuse, mais dont le contre-coup dans la tête fut mortel. Il y succomba le 17 octobre 1757.

Des conventions de famille et d'amitié l'avaient porté à accepter, en 1735, la charge d'intendant de l'ordre de Saint-Louis. Il en remplit les fonctions jusqu'à sa mort avec la plus grande exactitude, mais sans vouloir jamais accepter aucun des avantages et émoluments de cette place, toujours fidèlement et intégralement transmis par lui à la personne qui avait été obligée de s'en démettre.

C'était remplir à la fois et dans toute leur étendue les devoirs de bon parent et ceux de bon citoyen.


# VII


Les travaux de Réaumur, dont nous avons indiqué l'ensemble et esquissé le détail, font assez connaître l'étendue et la force de son esprit ; mais il faudrait une autre plume pour peindre son cœur.

Ami vrai, toujours prêt à saisir l'occasion de donner des marques de son attachement, il ne négligeait rien de ce qui pouvait en témoigner; son crédit, les connaissances qui lui avaient tant coûté à acquérir, n'étaient chez lui que comme un dépôt pour le besoin de ses amis. Il était si exact à aller s'informer de leur état quand ils étaient malades, que quelques-uns, qui ne le voyaient plus assez à leur gré, disaient qu'ils souhaitaient avoir la fièvre pour jouir plus souvent de sa présence.

« Les revers de fortune arrivés à ceux qu'il aimait ne faisaient que resserrer les liens qui l'attachaient à eux. Avec de tels sentiments, il était bien digne d'avoir des amis de la plus haute distinction; ce sera presque en faire la liste que de dire qu'elle comprenait tout ce qu'il y avait de distingué en Europe, soit par la naissance, soit par les talents. Les plus grands hommes, en tous genres, se faisaient honneur de son amitié.

» S'il a eu quelques ennemis — car quel homme illustre n'en a point rencontré sur sa route! — jamais on n'a pu lui attribuer les premières hostilités (1), et il ne leur a guère opposé que l'éclat de sa gloire et le flegme de sa philosophie. »

(1) Grandjean de Fouchy fait sans nul doute allusion ici à l'antagonisme qui se produisit entre Réaumur et Buffon dès l'apparition des premiers ouvrages de ce dernier, antagonisme ainsi exposé par l'auteur de la notice sur Réaumur dans la *Biographie universelle* de Michaud :

« *L'Histoire des insectes*, dit-il, avait placé Réaumur au premier rang des naturalistes, lorsque les premiers volumes de l'*Histoire naturelle* de Buffon vinrent un peu éclipser, par l'éclat de leur style, ce que sa réputation avait de populaire. Il paraît qu'il eut la faiblesse de s'en inquiéter, et on l'accusa de n'avoir pas été étranger à la publication des *Lettres à un Américain*, ouvrage anonyme d'un oratorien nommé Lignac, qui demeurait dans le voisinage de la terre de Réaumur et vivait souvent chez lui.

» Buffon et son collaborateur Daubenton y sont traités avec indignité, tandis que l'on y exalte Réaumur, ses ouvrages et ses collections. »

Que ce dépit ait un instant troublé l'âme paisible de Réaumur, ce peut être, et il n'y a là d'ailleurs qu'un sentiment trop naturel aux hommes, et aux meilleurs, pour que nous en défendions sa mémoire; mais que ce sentiment se soit irrité et aigri au point de faire descendre le grand et

La douceur de son caractère le rendait très aimable et le
faisait fort rechercher. Ne faisant jamais sentir la supériorité
de son génie, il avait le don d'intéresser tous ceux qui l'approchaient. On sortait instruit d'avec lui sans qu'il eût pensé à
instruire et presque sans qu'on s'en fût aperçu. Ses mœurs
n'étaient pas moins pures que ses lumières, et, fidèle aux
devoirs qu'impose la religion, il s'en acquitta toujours de la
manière la plus exacte et la moins équivoque.

beau caractère de Réaumur jusqu'au rôle d'insulteur anonyme, nous ne
saurions en admettre la possibilité.

Lignac, ce nous semble, doit être considéré comme un ami exalté et
maladroit qui prit l'initiative d'une attaque dont Réaumur ne saurait
être rendu responsable, et que sûrement il n'approuva pas, du moins
dans la forme qu'elle revêtit.

Dans le fond, il y a bien quelque vérité dans les allégations de Lignac,
et Réaumur put lui fournir des documents en faveur du mérite et de la
valeur de ses collections en histoire naturelle, si toutefois il ne possédait
pas déjà ses documents.

Qui, en effet, ignorait alors, non seulement en France, mais dans
toutes les parties du monde où on s'occupe de sciences; qui, disons-
nous, ignorait que notre savant physicien « était le premier en France
qui eût réuni des collections un peu complètes dans le règne animal? »

Nous ajouterons que Brisson, qui était le conservateur de ces collections, y a puisé les principaux matériaux de son ouvrage sur les
quadrupèdes, et surtout de sa grande *Ornithologie* en six volumes
in-4°, dont toutes les descriptions originales sont prises des oiseaux de
Réaumur.

Ces mêmes oiseaux, bien que préparés assez imparfaitement et la
plupart simplement séchés au four, ont passé, après la mort du pro-
priétaire, au cabinet du Jardin des Plantes, et en ont fait, pendant bien
longtemps, le fonds principal pour ce qui concerne cette classe. C'est
souvent d'après eux qu'ont été dessinées les planches enluminées de
Buffon; ce qui explique la ressemblance qui existe entre plusieurs des
figures de cet ouvrage et de celui de Brisson.

# HISTOIRE DE QUELQUES INSECTES

## INTRODUCTION

### I

A disposition des grands corps dont le ciel est orné, leur circulation, la régularité avec laquelle ils décrivent certaines courbes, les lois de leurs mouvements, les temps de leurs révolutions, leur vitesse relative à leurs distances du soleil, sont l'objet de spéculations sublimes et dignes des plus beaux génies.

Quelqu'un qui aurait passé sa vie à méditer les mouvements de ces grands corps, soit de ceux qui sont lumineux par eux-mêmes, soit de ceux qui reçoivent du soleil la lumière qu'ils nous renvoient, paraîtrait s'être occupé des plus nobles sujets, et cela indépendamment des utilités qui pourraient nous revenir des mouvements mieux connus des astres.

Mais celui qui aurait passé sa vie à étudier quelques parties, quelques organes des insectes, leurs cœurs, leurs poumons, leurs trompes, leurs yeux si composés ; celui qui aurait cherché les

causes des mouvements et les actions de ces différentes parties;
celui, dis-je, qui n'aurait eu que de pareilles recherches pour
objet, paraîtrait, au commun même des savants, s'être occupé
de trop peu de chose (1). Si on a des idées bien différentes de
l'objet des dernières recherches de celles que l'on a de l'objet
des premières, c'est que les grandes étendues en imposent.

Et cependant, il y a peut-être plus de difficultés à expliquer
les causes du mouvement des liqueurs dans les insectes, les
préparations et les filtrations de celle qui devient de la soie
dans les organes de quelques-uns, l'action de leur estomac, le
jeu de leurs admirables poumons, les accroissements de ces
insectes, leurs dépouillements, leurs transformations; il y a
peut-être plus de difficultés à trouver la cause du mouvement
du moindre de leurs muscles qu'à trouver celle des mouvements
des corps célestes; ce sont, d'ailleurs, des connaissances qui
ont des rapports plus prochains avec cette mécanique physique
dont notre bien-être actuel dépend si fort.

S'il eût plu à Celui à qui les prodiges ne coûtent rien que
l'on trouvât, soit sur la surface de la terre, soit dans la terre,
des millions de petites boules creuses de cristal, dans la cavité
desquelles on découvrit avec d'excellents microscopes des
petits corps se mouvant continuellement autour d'un centre
lumineux, comme les planètes se meuvent autour du soleil,
des espèces d'atomes dont les mouvements imitassent ceux des
planètes, ces petits globes paraîtraient d'abord d'admirables
machines; ce serait une recherche digne d'un physicien de
connaître les temps des révolutions de ces grains d'une prodigieuse petitesse qui y seraient ce que les planètes sont dans le

---

(1) Le dédain dont parle ici Réaumur n'existe plus. L'attention des
savants s'est étendue de nos jours bien au delà des insectes étudiés par
Réaumur; nos observations journalières sont faites sur des êtres minus-
cules dont on ne soupçonnait pas même l'existence à l'époque où il écri-
vait, témoin les importants travaux de M. Pasteur et de ses savants
collègues sur le rôle que les animalcules jouent dans une foule de phénomènes de la vie animale et végétale.

grand tourbillon des astres. Mais quand on se serait une fois familiarisé avec ces petits globes, parce qu'on en aurait trouvé partout sous ses pas; quand on viendrait à comparer ce qu'ils ont de merveilleux avec le merveilleux des machines animales de pareil ou de plus petit volume, avec des insectes, ce seraient les machines animales qui s'empareraient de presque toute notre admiration. Ce que les petites sphères nous offriraient de plus frappant, ce seraient les mouvements périodiques de six à sept globules autour d'un centre. Combien de mouvements plus admirables et plus variés ne découvrons-nous pas dans les corps des plus petits insectes?

Combien de millions de globules y passent et y repassent par des chemins dont les courbures sont autrement tortueuses que celles des routes que suivent les corps célestes, si la liqueur qui tient lieu de sang aux plus petits insectes est, comme le sang des grands animaux, composé en majeure partie de globules?

Combien d'autres mouvements admirables dans ces machines, outre ceux de la circulation? Il y en a de destinées à donner entrée à l'air dans le corps et à l'en faire sortir. Combien de mouvements sont nécessaires pour l'accroissement de la machine, pour lui faire prendre des matières étrangères, pour se les approprier, pour se les unir, pour en augmenter son extension en tous sens.

Faisons attention à tout ce qui se passe dans l'intérieur de cette machine pour qu'elle donne naissance à un grand nombre d'autres machines qui lui sont semblables en petit, et qui l'égaleront dans la suite en grandeur.

En un mot, les machines animales nous offrent une infinité d'objets dont chacun est capable d'épuiser notre admiration. Notre esprit ne voit rien d'aussi surprenant, d'aussi véritablement grand dans le jeu constant de six à sept boules, quelque grandes qu'elles soient, ni même dans les mouvements constants et réguliers d'une infinité de globes.

Ne craignons pas de placer encore ici une réflexion qui va à
l'éloge des insectes : pourquoi, après tout, craindrions-nous
de trop louer les ouvrages du divin Créateur? Une machine
nous paraît d'autant plus admirable, et elle fait d'autant plus
d'honneur à son inventeur, que, quoique aussi simple qu'il
est possible par rapport à la fin pour laquelle elle est destinée,
il entre dans sa composition un plus grand nombre de parties
et de parties très différentes entre elles. Nous avons une haute
idée du génie de l'ouvrier qui a su réunir et faire concourir à
la même fin tant de parties différentes et nécessaires.

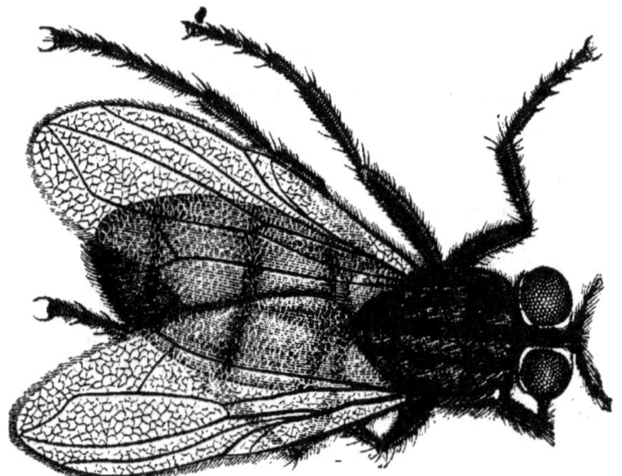

Mouche vue au microscope.

Celui qui a fait les machines animées, que nous appelons des
insectes, n'a assurément fait entrer dans leur composition que
les parties qui y devaient être. Combien, malgré leur petitesse,
ces machines nous doivent-elles paraître plus admirables que
celles des grands animaux, s'il est certain qu'il entre dans la
composition de leurs corps beaucoup plus de parties qu'il
n'en entre dans celles des corps énormes des éléphants et des
baleines !...

Ainsi, pour faire paraître au jour un papillon, une mouche,
un scarabée, en un mot tous les insectes qui ont à subir des

transformations, il a fallu faire au moins l'équivalant de deux animaux : faire une chenille dans laquelle le papillon prit tout son accroissement, faire des vers dans lesquels la mouche et e scarabée pussent croître....

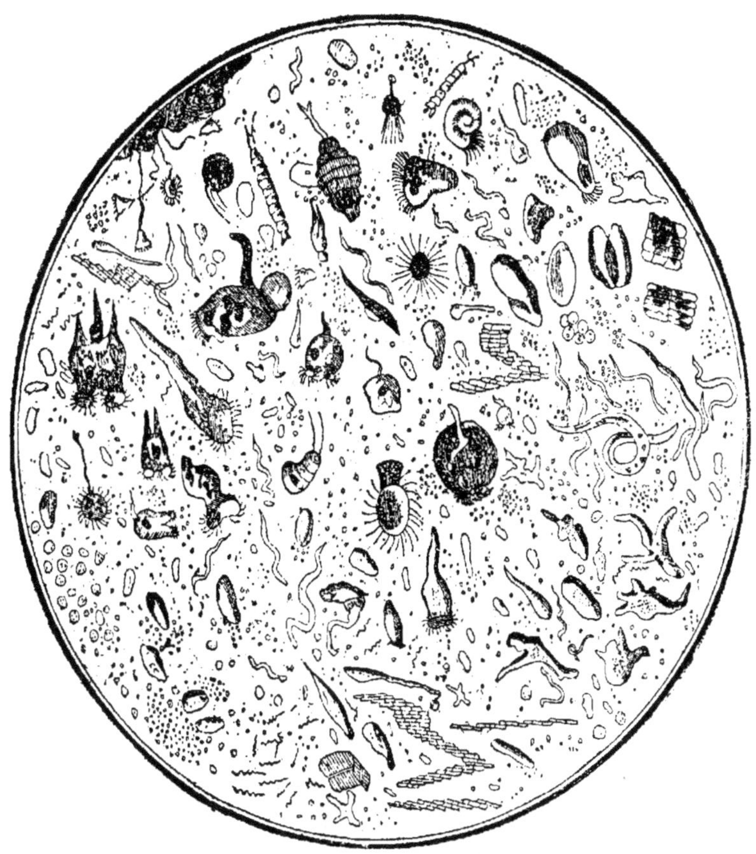

Goutte d'eau vue au microscope.

.... L'histoire des insectes peut donc être considérée comme un vaste, et je puis dire un immense pays qu'on peut parcourir dans différentes vues.

Ainsi, les infusoires, ces animalcules qui se développent dans les infusions animales ou végétales, et que, selon ce

que nous apprend Cuvier, on ne peut commencer à apercevoir qu'au moyen d'un microscope grossissant cinq cents
fois, n'en ont pas moins chacun leur organisation particulière, et leur étude, jusqu'ici très imparfaite, réservée probablement à quelque savant continuateur de l'œuvre de
Réaumur, qui leur consacrera le temps, la patience et le
génie suffisants, sera certainement une abondante source
d'étonnement et d'admiration.

Examinons d'abord une simple goutte d'eau, univers de
quelques-uns de ces infiniment petits.

Passant ensuite aux principales espèces de ces animalcules,
arrêtons-nous quelques instants à les observer.

Ne voulant pas suspendre trop longtemps le récit de
notre savant naturaliste, nous nous bornerons à examiner,
pendant que nous tenons le microscope, les deux ou trois
insectes parasites de l'homme qui, lorsque une exacte et
sévère propreté ne règne point dans nos demeures, nous font
si cruellement souffrir.

Examinons d'abord la puce, qui, au dire de Bomare, « vient
au monde en sautant. » Il paraît, en effet, que c'est, au
sortir de sa coque, le premier usage qu'elle fait de ses
membres admirablement organisés pour cela. Son corps offre
à l'observateur un merveilleux chef-d'œuvre de mécanique,
et elle se sert de ses membres qui lui ont été donnés à cet
effet avec une adresse et une vigueur qui méritent d'être
admirées.

Quand elle veut sauter, elle étend ses longues jambes
postérieures ; par suite de ce mouvement, ses différents articles
se débandent simultanément, et par leur élasticité lui font
faire un saut de projection si prompt qu'on la perd de vue.
Ce saut égale souvent deux cents fois la hauteur et la longueur du corps, qui échappe ainsi aux recherches de celui
qu'elle dévore.

Le pou, qui, en moins de six jours, peut pondre cinquante

œufs, et cela sans épuiser la provision que chaque femelle porte en elle , offre, malgré la juste répulsion que son nom

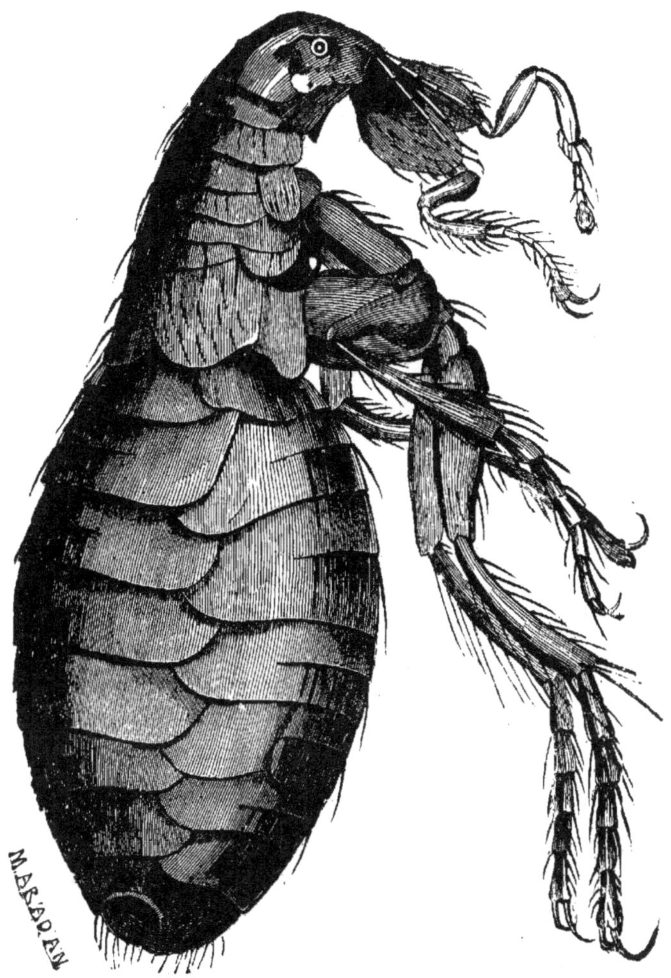

Puce vue au microscope.

seul inspire, un ensemble plus remarquable encore — nous n'osons dire plus gracieux — que celui de la puce.

Jamais cuirasse forgée par le plus habile armurier de

la vieille Italie ne s'adapta aussi bien au corps qu'il devait
défendre et n'offrit des détails plus délicats, une ornemen-
tation plus ingénieuse que le corselet qui laisse passer les
six pattes de ce petit vampire, dont tout le corps présente le
même fini, la même perfection.

La partie dans laquelle l'histoire des insectes m'a le plus
intéressé, continue Réaumur, est celle aussi à laquelle on
sera le plus généralement sensible; celle qui embrasse tout
ce qui a rapport au génie, aux mœurs et, pour ainsi dire, ux
industries de tant de petits animaux.

J'ai observé, autant que j'ai pu, leurs différentes façons de
vivre; comment ils se procurent les aliments convenables, les
ruses dont plusieurs usent pour se saisir de ceux qui doivent
être leur proie, les précautions que d'autres prennent pour se
mettre en sûreté contre leurs ennemis, leur prévoyance pour
se défendre contre les injures de l'air, leurs soins pour se
perpétuer, le choix des endroits où ils déposent leurs œufs,
tant afin qu'ils n'y courent aucun risque qu'afin que les petits
qui en écloront trouvent à portée une nourriture propre dès
l'instant de leur naissance; le soin que d'autres ont de nourrir
eux-mêmes leurs petits, de les élever; c'est sur tout cela,
il me semble, que l'on ne saurait rassembler trop d'observations.

Ceux mêmes à qui une araignée paraît la plus hideuse
aimeront à apprendre qu'il y en a une espèce qui renferme
ses œufs dans une petite boîte de soie qu'elle porte toujours
avec elle; que lorsque les petits sont nés, ils montent sur le
corps de leur mère, qu'ils s'y arrangent les uns auprès des
autres, qu'ils s'y tiennent cramponnés lorsqu'elle court avec
le plus de vitesse.

On sera touché du soin qu'ont les abeilles et certaines
guêpes de porter plusieurs fois chaque jour la becquée à leurs
petits comme le font les oiseaux; on apprendra avec intérêt
que d'autres déposent leurs vers dans des cellules qu'elles

construisent de terre, qu'elles les y renferment avec la provision d'aliments qui leur est nécessaire jusqu'à leur accroissement parfait.

Certains insectes naissent avec une peau tendre et délicate qui ne résisterait pas aux frottements qu'elle serait exposée à essuyer. La nature leur a appris à se faire de véritables habits : les uns se les font de laine, les autres de soie, d'autres de feuilles d'arbres, et d'autres de différentes autres matières ; les uns les savent élargir et allonger dans le besoin ; les autres savent s'en faire de neufs quand les leurs sont devenus trop courts et trop étroits.

Un insecte — c'est le *formica-leo* — est obligé de vivre de proie, quoiqu'il ne puisse marcher qu'à reculons ; la ruse lui donne ce que les autres obtiennent au moyen d'une meilleure disposition de leurs jambes. Il sait se faire un trou, en manière de trémie ou d'entonnoir, dans un sable roulant. Il se poste à l'affût au fond de ce trou, ayant toujours les deux cornes ouvertes et prêtes à saisir les insectes qui y tombent pour avoir marché imprudemment sur les bords d'un précipice toujours prêt à s'ébouler. De pareils faits paraîtraient admirables à qui sait le moins admirer.

La prodigieuse variété des formes des insectes de différentes classes et de différents genres, offre un grand spectacle à qui sait le considérer : quelle variété dans la figure de leur corps, dans le nombre des jambes, dans leur arrangement, dans la figure et la structure des ailes, dont les unes sont des espèces de gaze, et dont les autres sont couvertes de poussière de figures régulières et arrangées comme des tuiles ; d'autres ailes ont des étuis dans lesquels elles se tiennent le plus souvent pliées avec art.

Mais combien de merveilles nous sont cachées et le sont pour toujours ! Que nous en découvririons si nous pouvions voir distinctement tout l'artifice de la structure intérieure de leur corps !

Un sauvage, né et élevé dans les plus épaisses forêts du
Nord, qui se trouverait tout d'un coup transporté devant un
de nos superbes palais, concevrait de grandes idées des
hommes qui ont élevé de tels édifices. Mais il aurait bien
d'autres idées de l'industrie des hommes de ce nouveau pays,
s'il parvenait à voir tout ce que renferme l'intérieur de ces
palais, et à prendre quelques connaissances de tous les différents arts à qui sont dus les commodités et les ornements
qui y sont assemblés!

Nous sommes dans le cas du sauvage à qui il ne serait permis
que de contempler les dehors de nos édifices ; les merveilles
prodiguées dans la construction intérieure des insectes nous
échappent. Nous ne laissons pourtant pas d'y voir des méca-
niques surprenantes et qui doivent exciter ceux qui se livrent
à ce genre d'études à pousser plus loin leurs recherches.

C'est ainsi, par exemple, qu'on a découvert que les chenilles
ont un cœur ou une suite de cœurs qui règne d'un bout à l'autre
de leur dos ; on a découvert que la plupart des anneaux dont
leur corps est composé, ont deux ouvertures ou deux bouches
destinées à respirer l'air.

Des animaux un peu plus grands, les écrevisses, nous ont
appris qu'il existe des êtres dans lesquels il se forme chaque
année un nouvel estomac, dont la première fonction est de
digérer l'ancien.

Quelle admirable organisation ne supposent pas ces changements de forme qui se font dans la plupart des insectes pendant
le cours de leur vie, dans ceux qui, après avoir vécu et crû
sous la forme de chenilles, prennent celle de chrysalide et
enfin celle de papillon! Sans changer de forme, les chenilles
et quantité d'autres insectes changent plusieurs fois de
peau : ce sont des opérations moins frappantes que beaucoup
d'autres qui pourtant supposent une belle mécanique, et qui
paraissent fort singulières à ceux qui remarquent combien les
dépouilles que les insectes quittent alors sont complètes. Il

Fulgore porte-lanterne. — Hémiptère originaire d'Amérique ; mœurs peu connues.

n'est aucune de leurs parties extérieures qui ne soit intacte.

Ainsi, ces insectes que l'on a longtemps regardés comme des animaux imparfaits et à qui on en donnait le nom, bien examinés, font voir qu'il entre dans la composition de leurs corps plus de parties que dans celle du corps des animaux dont nous avons la plus haute idée.

Un grand nombre de ces parties nous sont cachées par leur petitesse, et les usages de celles qui sont à la portée de nos yeux seuls, ou de nos yeux aidés du secours d'une loupe, sont souvent difficiles à reconnaître.

Comment reconnaîtrions-nous tous leurs usages, puisque, malgré les dissections sans nombre qui ont été faites des cadavres humains, nous ne savons pas à quoi servent plusieurs parties de notre corps, quoique de grosseur considérable?

Il y a pourtant dans l'intérieur des insectes quantité de parties qu'une dextérité médiocre et un peu d'habitude à les chercher font aisément découvrir ; tels sont souvent les intestins, l'estomac. Nous ferons même voir que plusieurs ont ce viscère muni de dents de formes différentes et différemment disposées. On trouve aisément leurs poumons ou les trachées qui les remplacent.

.... On ne se lasse point d'apprendre des faits du genre de ceux que nous venons d'indiquer ; ceux qu'on a appris mettent sur la voie d'en découvrir de nouveaux ; les promenades qu'on ne destine qu'au délassement en deviennent plus agréables et plus amusantes, elles instruisent.

Alors des yeux, devenus curieux et attentifs à observer, voient ce qui échappe aux autres ; tout se trouve animé pour eux ; les arbres, les plantes, les feuilles, les fleurs ne sont plus seulement des fleurs, des feuilles, des plantes, des arbres, ce sont autant de pays habités ; les insectes qu'on y rencontre et qui, lorsqu'on n'était pas familiarisé avec eux, paraissaient à craindre ou au moins répugnants, offrent un spectacle digne d'attention. Quand on se rappelle quelques-unes de leurs industries, on les voit avec plaisir, on s'arrête à considérer leurs formes singulières.

.... Les insectes qui se trouvent le plus souvent sous nos yeux, ceux dont l'influence se mêle le plus souvent à notre vie, sont ceux, ce me semble, que l'on doit le plus chercher à connaître ; ce sont ceux, pour ainsi dire, avec qui nous avons à vivre ; ce sont aussi ceux sur lesquels j'ai rassemblé le plus d'observations.

.... Plus on observera ces petits animaux, plus ils feront voir de faits et d'actions remarquables qui dédommageront de tout ce qu'on trouvera à retrancher dans leur histoire de merveilles de certains genres, qui leur ont été attribués par ceux qui ne les avaient pas regardés avec des yeux assez philosophes; car il faut avouer qu'il y a des merveilles de certains genres qui leur ont été trop prodigués.

Plusieurs auteurs, et surtout des auteurs des siècles antérieurs à celui-ci, qui ont écrit sur l'histoire des insectes, semblent avoir été séduits par la passion qu'ils ont prise pour eux. Ils ont été trop pleins d'admiration pour eux ou au moins ont voulu trop nous en remplir : ils leur ont nui en cherchant à les faire valoir sans assez de ménagement. Quand des lecteurs sensés, qui ne sont pas à portée de vérifier des observations dont on leur fait le récit, les trouvent accompagnées de détails dans lesquels ils peuvent reconnaître plus que de l'incertitude, ils sont tentés de regarder comme fabuleux le récit entier ; ce qu'il y a de vrai ne saurait plus l'être pour eux.

Ce sont surtout les éloges que l'on a donnés à l'intelligence des insectes qui n'ont pas été assez mesurés ; on les a fait penser et agir comme nous, et souvent même on les a loués de ce qu'ils pensaient et agissaient mieux que nous. Il n'est sorte de connaissances qu'on ne leur ait accordées; ou leur a trouvé toutes les vertus morales, même les plus sublimes. Et sur quels fondements? Sur des fondements tout à fait puérils.

La *mente*, qui approche du genre des sauterelles, mais dont le corps est beaucoup plus effilé, a de longues jambes ; elle plie et pose quelquefois l'une contre l'autre les deux premières, se tenant presque droite. Il n'en a pas fallu davantage pour en faire un insecte dévot ; son attitude imitant alors celle où nous joignons les mains, on lui a fait prier Dieu : le peuple de Provence l'appelle même *préquediou*. Sa charité, dit-on, est grande, du moins pour les enfants ; lorsqu'il y en a quelqu'un qui lui demande le chemin, elle le lui montre avec un de ses pieds ; on assure qu'il n'arrive presque jamais qu'elle le renseigne mal.

On a donné aux fourmis du respect pour leurs morts ; on a loué les soins avec lesquels elles leur rendent les devoirs funèbres, et cela sur ce qu'elles transportent hors de la fourmillière les cadavres de celles qui y sont mortes, comme elles transportent ceux des mouches, des chenilles, des cloportes et des autres insectes qui y sont venus mourir ou qu'elles y ont tués.

On a voulu nous faire regarder les sociétés des abeilles comme l'exemple du parfait gouvernement monarchique, comme si, toujours conduites par un chef, par un roi, elles ne travaillaient aux différents ouvrages auxquels elles s'occupent que pour exécuter ses ordres. On a vanté leur admirable subordination. Tout ce que nous savons pourtant, c'est qu'elles travaillent en commun avec beaucoup d'industrie à différents ouvrages....

Goedaert, dans le peu de discours qui accompagne ses observations, nous a laissé quelques contes de cette espèce.

L'état où se trouvent souvent les feuilles des chèvre-feuilles a fait connaître, du reste, les petits insectes qui se multiplient trop sur cet arbrisseau et sur beaucoup d'autres plantes : on les appelle des *pucerons*; on les voit presque toujours entourés de fourmis. Goedaert prétend que c'est par pure bonté d'âme que les fourmis cherchent ainsi les pucerons, que c'est pour

les défendre contre leurs ennemis et qu'elles se plaisent à leur
faire des caresses. Il nous rapporte jusqu'aux discours qu'elles
leur tiennent.

On sent bien cependant que Goedaert n'était pas assez au
courant de leur langue pour les entendre discourir, et qu'il ne
nous a voulu donner ces discours que comme des gentillesses ;
mais ce qu'il veut réellement, c'est que les fourmis aient une
grande amitié pour les pucerons et qu'elles se fassent leurs
défenseurs. Ce qu'il y a de vrai, comme nous le dirons dans
l'histoire des pucerons, c'est que les prétendues caresses des
fourmis sont intéressées ; elles trouvent et vont recueillir
sur le corps des pucerons une liqueur miellée qui est fort de
leur goût.

Aux curieuses observations que le même savant nous a rap-
portées sur les républiques des bourdons, il en a joint plusieurs
de la nature de la précédente. Il veut, par exemple, qu'il y
en ait un qui soit chargé chaque matin de réveiller tous les
autres : c'est le sonneur, et il lui fait sonner la cloche, et cela
en faisant un bourdonnement considérable au moyen de ses
ailes, qu'il agite avec une grande vitesse. Quoiqu'il assure que
c'est une observation qu'il a faite plusieurs fois et qu'il en a
eu pour témoins des curieux de l'histoire naturelle, il ne paraît
pas avoir pris tous les soins nécessaires pour s'instruire s'il y
a véritablement un bourdon qui soit pourvu de la charge de
sonneur. On ne voit point qu'il se soit donné la peine de
marquer celui qui est obligé de se réveiller plus matin que
les autres et de les éveiller. On sera apparemment disposé à
croire qu'ici tout se réduit à ce que les bourdons agitent leurs
ailes à leur réveil, après le repos de la nuit, pour les dégour-
dir, et qu'il y en a toujours quelqu'un plus diligent que les
autres, quoique ce ne soit pas le même chaque jour qui se met
le premier en mouvement et qui veut sortir le premier ; que
c'est celui qui sort le premier que Goedaert a cru chargé de
réveiller les autres.

Mais refuserons-nous pour cela toute intelligence aux insectes, et les réduirons-nous au simple état de machines?... Nous voyons, au contraire, dans les animaux, et dans les insectes autant que dans aucun des autres, des procédés qui nous donnent du penchant à leur croire un certain degré d'intelligence; nous y sommes conduits en raisonnant par analogie Mais on leur reproche que leurs procédés sont trop constants. qu'ils ne neus font pas voir des suites d'actions assez variées.

Cette histoire nous donnera lieu néanmoins plus d'une foi,

Fourmis.

de faire remarquer qu'il y a des insectes qui savent varier leurs procédés quand les circonstances le demandent.

Pour réduire pourtant les choses au vrai, chaque espèce d'industrie n'a que son tour d'adresse par lequel elle sait attirer notre admiration....

Un désir qu'on ne saurait assez louer, celui de donner de grandes idées de l'Auteur de l'univers, de faire mieux voir l'étendue de sa providence, a conduit à bien des jugements trop précipités et à bien de faux raisonnements ceux qui ont voulu assigner les causes finales des faits et des observations que leur avaient fournis les insectes, qu'ils n'avaient considérés qu'en passant.

Dès que nous ouvrons les yeux, tout nous prouve la sagesse du souverain Créateur ; cette sagesse a sans doute agi pour une fin et pour la plus noble de toutes les fins. Mais pouvons-nous nous promettre de découvrir les différentes fins qu'elle s'est proposées dans la construction de chacun de ses ouvrages et dans l'arrangement de chacune de leurs parties ?...

D'où nous devons conclure que nous devons être très circonspects dans l'explication des fins que s'est proposées Celui dont les secrets sont impénétrables ; que nous louons souvent mal une sagesse qui est si fort au-dessus de nos éloges. Décrivons le plus exactement possible ses productions ; c'est la manière de la louer qui convient le mieux.

La forme des mémoires est celle qui m'a paru la plus propre à cet ouvrage. Plus les faits sont singuliers, plus ils demandent à être attestés ; celui qui les annonce pour la première fois ne saurait trop assurer qu'il les a vus et comment il les a vus ; or, il n'y a guère que dans des mémoires que l'on puisse parler souvent sur ce ton.

Si l'histoire des animaux d'Aristote eût été écrite sur le ton que nous avons adopté, on en eût beaucoup plus profité. Elle contient une très grande quantité de faits ; ceux qu'il aurait assuré avoir vus lui-même mériteraient notre croyance ; mais il ne nous a point mis en état de les distingner des autres : tous y sont rapportés de la même manière, excepté quelques-uns qu'il ne donne que comme des *on dit*.

.... Divers auteurs ont nourri beaucoup d'espèces différentes d'insectes pour avoir leurs transformations ; mais ils semblent n'avoir eu que cela en vue, de savoir, par exemple, quel papillon vient d'une certaine chenille ; ils paraissent avoir négligé les petits soins nécessaires pour savoir ce qui se passe de plus curieux dans ce qui précède, ce qui accompagne et ce qui suit ces transformations. Ils ne semblent pas avoir assez cherché à

prendre des mesures pour découvrir comment les insectes
exécutent diverses opérations difficiles, comment ils viennent
à bout de plusieurs ouvrages industrieux.

C'est ce qu'on parviendra cependant à voir quand on en
aura bien envie. Il ne faut souvent qu'avoir recours à de petits
expédients qui se présenteront à qui les voudra chercher....
Par rapport aux endroits où l'on a tenu les insectes à observer,
il paraît, par ce qui est généralement rapporté, qu'on les a
mis ordinairement dans des boîtes de bois, auquel cas l'observateur n'est en état de voir leurs manœuvres que quand il
ouvre la boîte, c'est-à-dire quand le mouvement qu'il a dû faire
a interrompu la manœuvre de son petit habitant.

Des bouteilles de verre, telles que celles des cabinets des
curieux, dont l'ouverture a presque autant de diamètre que
de fond et qu'on appelle des poudriers, sont des logements
plus convenables, leurs parois permettant toujours de voir
l'insecte qui y est renfermé.

De grandes cloches de verre, celles même qui sont à l'usage
des jardiniers, posées l'ouverture en haut, peuvent fournir des
logements encore plus spacieux ; si on les remplit en partie de
terre couverte de gazon, on y élève commodément les insectes
qui vivent d'herbes et surtout ceux qui aiment à aller sous
terre de temps en temps. Il y a nombre d'insectes qui ne volent
point et qui ne sauraient grimper le long du verre ; ils restent
dans ces cloches quoiqu'on ne les couvre pas ; ils y font leurs
œufs, leurs petits y éclosent et y croissent. Celles de ces
cloches où l'on met des insectes qui volent ou qui montent
le long du verre, demandent à avoir des couverts, soit pleins,
tels que ceux des boîtes ordinaires ; soit, et c'est le mieux,
des couverts à jour. J'en ai fait faire de tels par des vanniers,
de tissure semblable à celle de ces paniers ou clayons dans
lesquels on met les fromages pour que leur lait s'égoutte,
mais où les vides étaient moins grands.

Les volières jusqu'ici n'ont été faites que pour les oiseaux ;

j'en ai fait faire pour y loger à la fois un très grand nombre
d'insectes et propres à renfermer tous ceux dont le diamètre
du corps n'était pas inférieur à celui d'un fil d'archal ordinaire, les fils du grillage étant placés à peu près à cette distance les uns des autres. Le fond de la volière était couvert
de gazon sur lequel il y avait des plantes de différentes espèces,
et ce gazon était posé sur une épaisse couche de terre qui
était contenue dans une espèce de cuve carrée en maçonnerie,
afin que les insectes qui pénètrent en terre ne pussent trouver
de chemins souterrains pour s'échapper de la volière.... Dans
de parilles loges, on peut rassembler des insectes de bien
des classes différentes, qui s'y multiplient et y font leurs opérations comme en pleine campagne.

Avec de pareils expédients et un grand nombre d'autres que,
pour ne pas ennuyer, nous différons à décrire jusqu'à ce que
nous rapportions les faits qui nous ont obligé d'y avoir recours;
avec, dis-je, de pareils expédients, quelques années peuvent
fournir plus d'observations qu'il ne serait possible d'en rassembler dans les vies consécutives de plusieurs observateurs
qui attendraient celles que d'heureux hasards leur fourni-
raient.

Les ménageries ordinaires, celles des grands animaux en-
gagent à des dépenses que des rois et des princes sont seuls
en état de faire ; des ménageries d'insectes, dont l'entretien
ne serait pas cher assurément, offriraient des spectacles singuliers et plus variés.

Il n'est pas besoin d'aller dans le Nouveau-Monde pour découvrir des animaux de formes nouvelles et surprenantes ; il
ne faut que faire plus d'usage de nos yeux pour bien regarder
tout ce qui nous environne.

Un seul chêne, peuplé de tous les différents insectes qui
peuvent s'élever sur ses feuilles et sur ses branches, fournirait, dans la plupart des saisons de l'année et dans presque
toutes les heures de leurs jours, des nouveautés amusantes....

Si ces espèces de ménageries n'étaient pas les plus utiles de celles d'une maison de campagne, elles seraient assurément les plus agréables pour ceux qui connaîtraient les petits animaux qui s'y trouveraient rassemblés.

(Après avoir ici mentionné le concours que lui ont prêté plusieurs de ses savants collègues de l'Académie des sciences, entre autres Bernard de Jussieu, Duhamel, Maupertuis, Réaumur ajoute :)

L'esprit d'observation qu'on regarde comme le caractère d'esprit essentiel aux naturalistes, que communément même on leur affecte, est également nécessaire pour faire du progrès en quelque science que ce soit. C'est cet esprit qui fait apercevoir ce qui a échappé aux autres, qui fait saisir les rapports qui sont entre des choses qui semblent différentes, ou qui fait trouver les différences qui sont entre celles qui paraissent semblables. On ne résout les problèmes les plus épineux de géométrie qu'après avoir su observer des rapports qui ne se découvrent qu'à un esprit pénétrant et extrêmement attentif.

Ce sont des observations qui mettent en état de résoudre les problèmes de physique comme ceux d'histoire naturelle, car l'histoire naturelle a ses problèmes à résoudre, et elle n'en a même que trop qui ne sont pas encore résolus. Un insecte nous fait voir un ouvrage d'une construction singulière ; c'est quelquefois un problème tel que ceux de mécanique, que de trouver comment cet ouvrage a pu être construit ; et ce sont ordinairement des problèmes dont il faut que l'insecte lui-même nous donne la solution.

(Voyons maintenant ce qu'à proprement parler, Réaumur entend par insectes.)

Les anneaux dont le corps d'une infinité de petits animaux est composé, les espèces d'incisions qui se trouvent à la jonction de deux anneaux, leur ont apparemment fait donner le nom d'*insectes*, qui, aujourd'hui, n'est plus restreint à ceux qui ont de pareilles incisions. Ainsi, on n'hésite pas à mettre une limace dans la classe des insectes, quoiqu'elle n'ait point d'anneaux distincts.

Peut-on donner un autre nom que celui d'insecte à ces animaux de mer dont la figure est assez bizarre pour ressembler à celle sous laquelle les peintres représentent les étoiles. D'autres animaux de mer, que les naturalistes ont appelés des *orties*, ont des formes aussi singulières. Dans certains temps, ils sont concentrés en eux-mêmes; dans d'autres temps, ils s'épanouissent comme des fleurs dont ils semblent avoir été d'abord les boutons. Quoique les anneaux leur manquent aux uns et aux autres, les orties et les étoiles de mer n'en sont pas moins regardées comme des insectes.... Il s'en suit que l'histoire des coquillages devient la suite de l'histoire des insectes.

Bien loin donc de borner cette histoire à ceux des animaux qui ont des incisions, je ne la limiterai même pas aux animaux d'une certaine petitesse ; car bien que Mousset ait intitulé son ouvrage le *Théâtre des insectes ou des plus petits animaux*, ces deux termes ne sauraient être considérés comme synonymes.

Dès qu'un historien a consacré sa plume à la gloire d'un peuple, il se passionne pour lui, il voudrait lui découvrir la plus noble, la plus ancienne origine ; il cherche à découvrir partout des traces de ses conquêtes et de l'étendue de sa domination.

Je ne sais si des dispositions pareilles ne me font pas trop reculer les limites de la classe des insectes ; mais je lui accorderais volontiers tous les animaux que leurs formes ne nous permettent pas de placer dans la classe des quadrupèdes ordinaires, dans celle des oiseaux et dans celle des poissons.

Les dimensions d'un animal ne doivent pas suffire pour l'ôter du monde des insectes. Les voyageurs qui nous parlent d'araignées aussi grosses que des moineaux, exagèrent probablement ; mais nous avons des papillons dont le vol, dont l'étendue des ailes surpassent l'étendue des ailes de certains petits oiseaux.

Une chenille n'en serait pas moins chenille, si on en trouvait de plusieurs pieds de longueur. Un crocodile serait un furieux insecte ; je n'aurais pourtant aucune peine à lui donner

Crocodile.

ce nom. Tous les reptiles appartiennent à la classe des insectes par la même raison que les vers de terre lui appartiennent.

Les lézards, qui, malgré leurs quatre jambes, s'élèvent

Caïman.

si peu lorsqu'ils marchent, que la plupart semblent ramper ; les salamandres, dont la conformation est à peu près la même, et que leur belle couleur rouge feu a fait entourer de tant de craintes superstitieuses, a donné lieu à tant de

légendes populaires, sont encore une dépendance de la classe
des insectes.

Lézard.

Les grenouilles et les plus vilains de tous les animaux, les
crapauds, sont de même du ressort de l'histoire des insectes...

Salamandre.

# HISTOIRE DES INSECTES MINEURS

## I

Nous savons nous faire des habits pour nous défendre contre les injures de l'air ; il n'est rien sur quoi le génie des hommes se soit plus exercé, et rien peut-être en qui il se soit plus montré, qu'à trouver le moyen de nous procurer toutes les différentes espèces d'étoffes que nous employons à nos habillements.

On ne saurait assez admirer combien de belles machines et combien d'arts divers il a fallu inventer pour parvenir à préparer les matières que nous employons dans les différents tissus ; pour y en faire entrer qui semblaient si peu propres à y être introduites, comme l'or et l'argent ; pour faire des tissus qui, quoique simples, sont très parfaits, et pour en faire qui, par la variété et la vivacité de leurs couleurs, le disputent aux parterres les plus ornés de fleurs.

Tout a été tenté et utilisé pour nous faire des vêtements de différentes qualités ; pour nous en faire de chauds, de légers, d'impénétrables à l'eau, de durables, et surtout pour en faire de riches et d'agréables aux yeux. Il n'en est pourtant pas plus certain que la nature ait imposé aux hommes la nécessité de se vêtir, et il est certain au moins que nous avons porté les variétés du vêtement bien au delà du nécessaire.

Des hommes, barbares à la vérité, mais pourtant des hommes comme nous, vivent, presque nus, dans des pays extrêmement chauds et dans des pays extrêmement froids, et il n'est pas sûr qu'ils souffrent plus du froid et du chaud que nous en souffrons, toute leur peau étant devenue telle que celle de nos mains et de notre visage.

Mais il est bien certain que quantité d'insectes naissent avec une peau si délicate, qu'elle est incapable de soutenir les impressions de l'air ; quand elle pourrait d'ailleurs être endurcie par l'action de l'air, il ne conviendrait pas qu'elle le fût. Une peau, devenue trop ferme, trop solide, ne permettrait pas à l'insecte d'accomplir ses transformations.

Des insectes cependant, qui, avec une peau très tendre et très délicate, sont obligés de se tenir sur des plantes, y périraient; c'est à eux plus qu'à nous que des habits étaient nécessaires.

La nature a dû leur apprendre à s'en faire, et elle le leur a appris ; elle travaille elle-même pour ceux qui avaient les mêmes besoins et qu'elle n'a pas si bien instruits.

Elle a tout disposé de manière que la partie de la plante qui leur fournit des aliments, loin de paraître en souffrir, végète plus vigoureusement que le reste; elle forme une enveloppe solide, souvent très façonnée et fort jolie, qui défend bien le petit animal qu'elle nourrit, et qui vaut mieux pour lui qu'une couverture portative.

Les adresses que la nature a enseignées à certains insectes pour parvenir à se faire les vêtements qui leur étaient nécessaires, et les soins qu'elle semble prendre elle-même pour en couvrir d'autres, nous présentent deux points de vue remarquables, dans lesquels viennent se réunir quantités d'espèces, de genres et de classes de ces petits animaux.

C'est principalement à ces deux points de vue que nous considérerons ceux que nous voulons faire connaître dans ce volume (1).

Ils se trouveront ainsi placés plus favorablement pour se

(1) Le tome troisième des *Mémoires pour servir à l'histoire des insectes.*

graver dans la mémoire, qu'ils ne le seraient si nous différions
d'en parler au temps où nous donnerons les caractères généraux
des classes auxquelles ils appartiennent. Comment ne serions-
nous pas frappés de voir des insectes qui semblent en droit de
nous disputer la gloire de l'invention des habits, qui, sûrement,
ont employé avant nous les matériaux que nous employons à la
même fin ; et des insectes qui semblent aussi nous disputer la
perfection de l'exécution.

Avant de rapporter les procédés industrieux au moyen desquels différents insectes se font des habillements convenables,
nous ferons connaître quantité de petits animaux qui, malgré
la délicatesse de leur peau, n'ont pas besoin de se faire des
habits ; ils n'ont qu'à bien manger pour être toujours couverts ;
ils sont si petits, que quelques portions de la substance charnue
d'une feuille suffisent pour leur fournir de quoi se nourrir jusqu'au temps de leur transformation.

Ce premier mémoire est consacré à ces insectes que nous
nommons *mineurs de feuilles*, et cela parce que l'espace qui
se trouve entre la membrane du dessus et celle du dessous de
la feuille est pour eux un grand pays qu'ils minent : les uns s'y
font des chemins étroits et tortueux, et nous les nommons des
*mineurs en galerie ;* les autres minent des espaces plus larges,
et nous les appelons des *mineurs en grand.*

Entre ces mineurs, les uns sont des chenilles qui se transforment en papillons, de la petitesse desquels on est fâché lorsqu'on les regarde à la loupe ; la nature en effet n'aurait rien de
plus riche, de plus brillant et de plus beau à nous montrer que
de pareils papillons, si elle les avait faits en grand : elle semble
leur avoir prodigué l'argent et l'or le plus éclatant ; elle semble
avoir pris plaisir à combiner ces précieux métaux avec art, et
à ne les mêler avec d'autres couleurs qu'autant qu'il fallait
pour en rehausser l'éclat, et pour que l'or et l'argent parussent
plus habilement mis en œuvre.

D'autres mineurs se transforment en mouches à deux ailes ;

on en verra de ceux-ci qui vivent de la jusquiame, de cette
plante qui est si capable de troubler notre cerveau, et qui,
mangée en quantité assez médiocre, nous est fatale. D'autres
vers mineurs se transforment en très petits scarabées.


# II


De toutes les espèces de vers, ou au moins de toutes les espèces de chenilles qui vivent dans l'intérieur de quelques
parties des plantes, les plus petites sont celles qui trouvent
des logements assez spacieux dans l'intérieur des feuilles et
même des feuilles les plus minces. Des insectes savent se placer
et s'ouvrir des routes entre la membrane supérieure et la membrane inférieure d'une feuille. Là, ils sont bien à couvert; ils
minent dans la substance charnue de la feuille; ils en détachent
le parenchyme. Leur travail leur sert à deux fins : les décombres
des cavités qu'ils agrandissent ne les embarrassent pas, ils
mangent tout ce qu'ils détachent. En même temps qu'ils travaillent pour étendre leur domicile, ils travaillent pour se
procurer des aliments.

Ces insectes, quoique très petits, sont aisés à trouver. On n'a
besoin que de voir l'extérieur d'une feuille pour reconnaître si
quelque mineur s'est logé dans son intérieur : quoique saine
et verte partout ailleurs, cette feuille est desséchée, jaunâtre
ou blanchâtre, ou au moins d'un vert différent du reste, vis-à-vis
l'endroit que l'insecte habite ou qu'il a habité.

Les contours de l'endroit miné nous apprennent que ces insectes ont trois manières différentes de conduire leurs travaux
dans l'intérieur des feuilles. Les uns ne s'ouvrent que des

routes étroites, longues et tortueuses : ce sont ceux que nous nommons mineurs en galerie. Les contours de ces galeries sont extrêmement irréguliers ; la nature du terrain détermine apparemment le sens dans lequel l'insecte dirige sa fouille.

Un mineur de l'arroche la plus commune, conduit pourtant sa galerie constamment en zigzags ; mais les zigzags par certains insectes de cette espèce sont différents, et quelques-uns finissent leur galerie en lui faisant une ceinture qui embrasse la masse des zigzags.

Les chemins que se font presque tous les mineurs en galerie, n'ont presque qu'une largeur égale au diamètre de leur corps. D'autres veulent être plus au large ; ils minent des espaces de figures ordinairement irrégulières, mais dont les unes sont pourtant arrondies, tandis que les autres sont à peu près des carrés longs. Nous nommerons ceux-ci *mineurs en grand* ou *en grandes aires*.

Enfin, d'autres insectes, après s'être contentés de miner en galerie pendant qu'ils étaient jeunes, veulent des logements plus spacieux quand ils ont pris tout leur accroissement, et alors ils minent en grand.

Quoique la classe de ces insectes mineurs ait encore été peu observée, elle est très nombreuse en espèces différentes. Il est peu d'arbres et de plantes, s'il y en a, dont les feuilles ne soient pas attaquées par des mineurs. Quelques-uns s'établissent dans la tendre feuille du laiteron, c'est même une des plantes sur laquelle on en trouve le plus ; d'autres se logent dans celles du houx, toutes dures qu'elles sont, et même dans le temps où elles sont le plus dures, c'est-à-dire vers la fin de l'été.

Il y a même des mineurs de différentes espèces qui vivent dans l'intérieur des feuilles de la même plante et du même arbre. On voit des feuilles du même pommier, et la même feuille du même pommier qui ont été minées, tant en galerie qu'en grandes aires.... Il est quelquefois très difficile d'aper-

cevoir ce qui distingue les unes des autres, des espèces d'insectes si petits ; d'ailleurs, il n'est pas sûr que les insectes qui
minent dans des feuilles de plantes de différentes espèces, soient
toujours eux-mêmes d'espèces différentes.

Les trois classes générales d'insectes ailés les plus nombreuses en genres et en espèces, sont : 1° Celle des papillons
dont nous avons intercalé comme dessin un des plus beaux
types, le sphinx tête de mort : la chenille du sphinx n'est
pas moins remarquable. Il n'est pas jusqu'à la chrysalide elle-
même de ce magnifique type de papillon qui ne mérite d'être
admirée ;

2° Celle des mouches et moucherons que tout le monde
connaît ;

3° Et enfin celle des scarabées.

Les mineurs de feuilles se transforment en des insectes ailés
de ces trois classes. Quantité de petites chenilles mineuses se
transforment en papillons ; quantité de vers mineurs se métamorphosent en mouches, et quantité d'autres vers mineurs
se métamorphosent en scarabées....

La multitude et la variété de ces insectes nous montrent
combien la nature est prodigieusement féconde en petits animaux, et sur combien de modèles différents elle a su les former.

Nous croyons pourtant devoir nous borner à faire connaître
en général le genre de ceux de cette classe, les principales
variétés de formes que leur petitesse nous permet d'observer,
et à donner quelques exemples des insectes ailés de différentes
classes et de différents genres dans lesquels ils se transforment.

Tant que la plupart des mineurs sont vers ou chenilles, ils
vivent dans une grande solitude ; chaque galerie et chaque
espace miné plus en grand est l'habitation d'un seul insecte qui
n'a aucune communication avec celles que d'autres insectes,
de la même ou de différentes espèces, peuvent s'être faites
dans la même feuille. Il y a pourtant des mineurs, habitants

Sphinx tête de mort. — Lepidoptère crépusculaire, tue les abeilles pour dévorer leur miel et même leurs larves.

d'une même feuille, qui, après avoir passé une grande partie de leur vie séparés les uns des autres, se rencontrent lorsque le temps de leur métamorphose approche.... Il n'est pas difficile de trouver des feuilles de chêne, avant la fin du printemps, où l'on voit diverses routes étroites et tortueuses qui, toutes, aboutissent à un endroit blanchâtre qui a quelquefois une étendue qui surpasse celle de la moitié de la feuille.

Là, l'épiderme du dessus de cette feuille a été détachée par plusieurs petites chenilles, à qui il fait une tente bien close,

Mouches et moucherons.

au-dessous de laquelle elles mangent la substance charnue de la feuille sans être inquiétées.

Elles avaient vécu d'abord seules, séparément, dans d'étroits sentiers.

Il y a, du reste, des mineurs qui, dès leur naissance, s'établissent plus de vingt ou trente ensemble dans une même cavité qu'ils agrandissent journellement pour se nourrir. On trouve de ces sociétés de mineurs dans les feuilles de lilas ; les vers qui les composent sont blancs et ras ; ils ont six jambes écailleuses, mais on ne leur en distingue point de membraneuses ;

l'extrémité de leur corps les aide à marcher, il fait l'office d'une septième jambe.

Quoique les mineurs soient très petits, à l'aide seulement de l'œil, on trouve en eux des différences qui suffisent pour en faire distinguer les classes, les genres et quelquefois même les espèces. Il est bon pourtant, lorsqu'on veut bien les voir, de donner à ses yeux le secours d'une loupe.

Entre ceux qui sont des chenilles, on reconnaît très bien les caractères de deux classes différentes, les unes ont seize jambes, et les autres, en bien plus grand nombre, n'en ont que quatorze.... Parmi elles, il en est d'assez semblables aux chenilles rases les plus communes, tandis que d'autres ont les anneaux mieux marqués, plus entaillés ; le corps de quelques-unes, surtout dans sa partie postérieure, semble composé de grains enfilés comme ceux d'un chapelet. Les anneaux de la partie antérieure sont plus aplatis ; le deuxième ou le troisième anneau est le plus large de tous. De là il arrive que la partie antérieure forme une espèce de triangle isocèle. Le premier anneau de quelques-unes semble élargi par deux appendices ou portion de sphère ; c'est ce qu'on peut observer sur une mineuse en grand des feuilles de rosier. Mais ce qui paraîtra bien plus remarquable, c'est qu'on croit bien voir, sur chacune de ces parties qui excèdent les autres, une fente qui ne peut être qu'un stygmate ou un organe de la respiration, lesquels se trouvent placés bien plus près du milieu du dos que ceux des chenilles ordinaires.

Tous nos petits mineurs ont une peau tendre, transparente et rase, mais tous ne l'ont pas de la même couleur ; la plupart cependant sont blanchâtres ou d'un blanc dans lequel il y a une légère teinte de vert ; d'autres sont couleur de chair plus ou moins vive, ou encore d'un beau jaune tirant sur la couleur de l'ambre : c'est la couleur des mineuses en grand du pommier et des vers en galerie des feuilles de ronce. Une mineuse en grand des feuilles de rosier est d'un olive un peu grisâtre.

Communément leurs couleurs ne sont pas nuancées, variées
et combinées par taches et par raies, comme le sont celles de
tant de chenilles qui vivent sur les feuilles. Cependant on

Doryphora — Larves et nymphes. — Coléoptère, rongeur de la pomme de terre.

trouve dans les feuilles du kenupodium ou de la patte d'oie, et
dans celles d'une espèce d'arroche très commune, une chenille
mineuse en grandes aires qui, si elle était de la grandeur des
chenilles communes, pourrait être mise au rang de celles qui

sont bien coloriées. D'un blanc jaunâtre, elle a, tout le long
du dos, une raie d'un brun rougeâtre plus que vineux ; de
chaque côté, elle a deux rangs de taches plus rouges que les
raies du dos ; ces taches sont bien alignées, deux de chaque
côté sur chaque anneau, dont l'une est directement posée au-
dessous de l'autre.

Après que nos insectes mineurs ont subi leur dernière méta
morphose, après qu'ils sont devenus des insectes ailés, ils ne
restent pas longtemps sans se reproduire. Les femelles vont
déposer leurs œufs sur les feuilles propres à nourrir les petits
qui en doivent éclore ; elles en laissent peu sur chacune, comme
si elles savaient que communément ces insectes ne doivent
se déplacer qu'après leur dernière transformation, et que, s'il
y en avait un trop grand nombre sur la même feuille, celle-ci
ne leur fournirait, ni assez d'aliment, ni assez de place.

Ces œufs doivent être nécessairement très petits, et, par
suite, très difficiles à reconnaître. Aussi n'en ai-je jamais rencontré qu'un seul qui venait d'être déposé sur une feuille
de saule. Je marquai la branche à laquelle appartenait la feuille
sur laquelle le petit œuf avait été laissé, et je fis également
un signe à la feuille.

Cet œuf était blanc, de la figure d'un œuf ordinaire. Je
me fis un plaisir, pendant plusieurs jours de suite, de l'aller
observer à la loupe. Après quatre à cinq jours qui se passèrent sans que je visse rien de nouveau, je ne trouvai plus
l'œuf ; mais, à l'endroit où il était, ou tout auprès, le dessous
de la feuille me parut plus blanc qu'auparavant ; je jugeai
que c'était là l'endroit par lequel s'était introduit l'insecte
en sortant de l'œuf, et que déjà il travaillait à creuser un
chemin, en détachant la substance dont il se nourrissait. Pendant les huit ou dix jours que je continuai à l'observer, je pus
constater que je ne m'étais pas trompé dans ma supposi-
tion. Bientôt je reconnus le commencement de sa galerie,
il la dirigea et la prolongea le long de la principale nervure.

Il avait déjà donné à ce travail une longueur au moins égale
à celle de la moitié de la feuille, lorsque cette feuille, dont
je n'avais plus guère besoin, fut détachée de l'arbre par
quelque accident.

Je dis *par quelque* accident, parce que le travail de nos
mineurs ne fait pas tomber les feuilles sur lesquelles ils sont
établis, plus tôt que les autres.

Quand j'aurais vu un plus grand nombre d'insectes déposer
devant moi leurs œufs sur des feuilles, je ne saurais apparemment rien de plus sur ce sujet ; et, d'autre part, n'eussé-je
jamais trouvé d'œufs, je ne douterais pas qu'ils ne dussent
être déposés, ou sur la feuille, ou dans la feuille même.

L'endroit par ou le mineur en galerie s'est introduit dans
une feuille est aisé à reconnaître. A un de ses bouts, à son
origine, la galerie est si étroite qu'elle a à peine le diamètre
du fil le plus délié ; là, elle ne paraît quelquefois qu'un trait
tiré sur la feuille ; mais elle s'élargit insensiblement en s'éloi-
gnant de ce point de départ ; à son autre bout, elle a quelquefois la largeur d'une petite tresse ou d'un petit ruban.

A mesure que le mineur creuse, qu'il s'ouvre un chemin
en avant, il mange, et il croît ; le diamètre de son corps
augmente, et il demande un logement moins étroit.

Qu'on détache une feuille minée de la sorte et qu'on la
regarde vis-à-vis le grand jour, ou mieux encore, vis-à vis
le soleil, on ne manquera pas de voir l'insecte, s'il n'est pas
sorti de la feuille. Les endroits minés ont une transparence
que les autres n'ont pas ; la tête de l'insecte sera toujours
tout auprès du bout le plus large de la galerie.

Dans tout l'espace qu'il a habité ci-devant, on observera
des petits grains noirs, qui ne sont autre chose que les excréments qu'il y a laissés chemin faisant. Ces grains sont à la file
les uns des autres ; dans les galeries plus larges, on en rencontre de rangés les uns à côté des autres. Dans les feuilles
minées en grandes aires, ils sont tous rassemblés en un

petit tas. Quelques mineurs les placent à peu près au centre de l'endroit miné, et d'autres les mettent dans un des coins.

Si le temps choisi pour observer une chenille mineuse est celui où elle est occupée à travailler, on lui verra saisir entre ses dents, comme entre deux pinces, le parenchyme de la feuille ; on verra qu'elle le détache, et on verra au moins qu'une petite partie de la feuille, qui était opaque, est devenue transparente, et cela parce que ce qu'elle avait de charnu est passé dans le corps de l'insecte.

Les deux dents, qui forment une pointe au-devant de la tête, sont très propres à ouvrir un chemin dans la substance de la feuille et à en saisir de très petites portions. On peut très bien observer la mineuse en grand du rosier, pendant qu'elle creuse ainsi dans l'épaisseur de la feuille. On observe encore plus aisément celle de la patte d'oie ou de l'arroche, parce que, dans les endroits qu'elle mine, elle ne laisse de chaque côté de la feuille qu'une pellicule blanche très mince.

Les vers mineurs, qui doivent se transformer en mouches à deux ailes, n'ont point de jambes, et leurs têtes ne sont point écailleuses ; elles ne ressemblent point à celles des chenilles mineuses, ni même à celles des vers mineurs qui doivent se transformer en scarabées.

Ces vers mineurs, qui doivent devenir des mouches, ont recours, soit pour miner en grand, soit pour miner en galerie, à une mécanique différente de celle des chenilles mineuses.

Cette mécanique a quelque chose de plus singulier, et on l'observe avec plus de plaisir.

Tandis que les chenilles mineuses coupent, ainsi que nous l'avons dit, la substance de la feuille avec leurs dents comme avec des espèces de ciseaux, nos mineurs semblent piocher, à peu près comme nous le faisons pour creuser la terre, ou plutôt pour entamer la pierre.

On peut voir travailler de ces sortes de vers dans les feuilles du laiteron, dans celles de plusieurs espèces de renoncules des près qui sont découpées, dans celles du trèfle, dans celles de la bardane, dans celles du chèvrefeuille, en un mot dans celles de cent et cent espèces de plantes, d'arbrisseaux et d'arbres.

Si, muni d'une forte loupe, on présente au grand jour une feuille où un de ces mineurs s'est établi, on ne sera pas longtemps sans le voir travailler.

Ils minent, et par conséquent ils mangent presque continuellement. Une petite languette, quoique très déliée, se fait distinguer du reste par sa couleur brune : c'est un filet, une petite tige écailleuse ; une portion de cette tige est logée dans le corps de l'insecte ; on ne laisse pas de l'y voir à cause de la blancheur et de la transparence des anneaux ; l'autre bout de la même tige est en dehors du corps et s'étend par delà la tête. Celui-ci se termine par un crochet courbé vers le ventre. La tige entière paraît avoir la forme d'une S ; vers le milieu de cette S, que nous considérons comme couchée horizontalement, on remarque une autre tige qui lui est quelquefois perpendiculaire, quelquefois inclinée, et qui est comme le point d'appui sur lequel, et autour duquel, la tige en S se meut comme les bras d'une balance se meuvent autour d'un hypomochlion. La tige en S est en mouvement continuel sur ce point d'appui. L'effet de ce mouvement est de faire hausser et baisser alternativement et avec vitesse le crochet qui est en dehors de la tête, de le faire frapper contre le parenchyme de la feuille. La tête de l'insecte est charnue et flexible, elle se contourne selon le besoin ; d'où il arrive qu'on voit le crochet piocher, tantôt vers un côté et tantôt vers l'autre, tantôt vers le dessus et tantôt vers le dessous de la feuille.

Le succès des coups est visible ; les endroits sur lesquels ils tombent prennent peu à peu de la transparence. Chaque coup détache une petite portion de la substance de la feuille. Tout cela se voit très bien ; mais la forme de la petite pioche ne se découvre pas si nettement. Il n'est pas possible de voir assez distinctement une partie aussi déliée au travers d'une membrane ; on ne distingue alors qu'un crochet. Mais lorsque, après avoir retiré un de ces vers de sa feuille, je l'ai observé avec soin, je lui ai toujours trouvé deux crochets semblables posés parallèlement l'un à l'autre et frappant tous deux en même temps. Je ne puis mieux comparer ces instruments qu'à des marteaux à deux têtes qui donnent leurs coups et en s'élevant et en s'abaissant.

Mais ces parties sont si fines que, quoique ayant retiré le ver de la feuille, il est difficile de détacher la pioche sans la défigurer, et plus difficile encore de la dégager des parties voisines qui la couvrent souvent malgré qu'on en ait, lorsqu'on le veut mettre dans le microscope ; aussi n'ai-je point réussi à l'y placer assez bien pour la faire dessiner (1).

Mais j'ai vu à souhait la figure des pioches, qui ne sont que de simples crochets, dont se servent les vers mineurs, considérablement plus gros que ceux qu'on trouve communément et qui sont aussi de très grands mangeurs.

Ces vers méritent qu'on en fasse une mention particulière, ne serait-ce qu'à cause de la jusquiame qui leur fournit leur nourriture et qui est un poison très violent.... Ces mineurs sont des vers blancs qui ressemblent assez à ceux de la viande. Je veux dire que la partie postérieure de leur corps est beaucoup plus grosse que la partie antérieure, le bout de celle-ci est assez effilé. De ce bout sortent deux crochets bruns et écailleux recourbés vers le ventre et dont les tiges sont parallèles l'une à l'autre et parallèles à la longueur du corps dans lequel elles sont logées. Lorsqu'on presse le corps de ce ver pour le forcer à montrer ces crochets, on croit lui voir une figure de tête, qu'on ne voit point aux vers de la viande.

(1) Nous ne saurions laisser échapper cette occasion de faire remarquer de quelle importance est, pour la science et l'art, l'invention de la photographie, grâce à laquelle ont été aplanies toutes les difficultés de ce genre.

Le dessus de la partie charnue, d'où sortent les crochets, a de la rondeur, et immédiatement au-dessus des crochets, on distingue quatre points noirs posés à peu près aux quatre angles d'un petit carré, et on est d'autant plus disposé à prendre ces quatre points noirs pour les yeux de l'insecte, que les yeux de quelques araignées sont disposés de la même manière.

J'ai vu, dans le mois d'août, plusieurs pieds de jusquiame dans les feuilles desquelles ces mineurs étaient nichés. Les feuilles de cette plante sont extrêmement grandes ; il y paraissait de grandes places plus blanchâtres que le reste, et où l'épiderme du dessus de la feuille était soulevé. Dans tel de ces endroits, il y avait sept à huit vers ; dans un autre, il n'y en avait que trois à quatre, et dans d'autres, il n'y en avait qu'un seul. Ils ne paraissaient ni se chercher les uns les autres, ni craindre de se rencontrer. Ces sortes de feuilles sont épaisses, leur substance est tendre, plusieurs vers peuvent sans s'incommoder travailler, chacun de son côté, à la détacher d'une même place minée.

Il y a encore une autre raison et une meilleure pour laquelle ces vers ne doivent pas craindre, autant que les autres mineurs, de se multiplier sur la même feuille. La plupart des vers mineurs doivent prendre tout leur accroissement sur la même feuille et dans la même partie de cette feuille. Je veux dire qu'ils ne savent qu'étendre le logement qu'ils ont commencé à s'y faire.

C'est ainsi que, si on retire de leurs mines ceux des feuilles de chêne et d'une foule d'autres plantes, on a beau les poser sur une autre feuille de la même plante, fût-elle beaucoup plus tendre que celle qu'ils habitaient : il ne leur est possible ni de percer cette nouvelle feuille, ni de s'ouvrir un chemin dans son épaisseur. Ils se dessèchent et périssent.

Il n'en est pas de même des mineurs de la jusquiame. Quand ils ne trouvent pas l'endroit où ils travaillent assez succulent ; quand, à force d'aller en avant, ils ont poussé leur travail jusqu'au bord de la feuille, ils percent l'épiderme de celle-ci, ils passent par-dessus et cherchent une place où le terrain soit bon à creuser.

Si cette feuille ne leur fournit pas ce qu'ils désirent, ils passent sur une autre plus fraîche, plus grasse, plus épaisse.

J'avais un jour placé des feuilles de jusquiame remplies de mineurs dans un poudrier. En les examinant le lendemain matin, je vis plusieurs vers qui marchaient à découvert sur les feuilles ; je tirai à moi une de celles-ci, et je m'attachai à suivre un des mineurs qui était dessus. Je ne fus pas long-temps à reconnaître qu'il cherchait à s'y loger.

Tout ce que je vis d'abord, c'est qu'il frottait avec vitesse le bout de sa tête contre la feuille ; je remarquai ensuite que les endroits qu'il avait ainsi frottés étaient différents du reste : dans l'état naturel, le vert du dessus de la feuille est blan-châtre ; là, le vert était plus beau, et l'endroit semblait humide, en un mot il paraissait que l'épiderme avait été emporté. Le ver changea de place, et sur le nouvel endroit où il s'arrêta, il répéta sa précédente manœuvre. Je me mis dans un jour favorable pour le mieux observer, et je vis fort distinctement qu'il ratissait la surface de la feuille avec ses crochets, comme un jardinier ratisse la terre des allées avec une ratissoire.

Il portait sa tête en avant et la ramenait ensuite en arrière, tenant les deux crochets appliqués contre la surface de la feuille. Ainsi les pointes des crochets la labouraient ; il répétait ces mouvements de tête avec une prodigieuse vitesse : aussi, au bout de quelques secondes, je pus distinguer un petit sillon creusé dans la feuille. Le ver changea de place quatre à cinq fois et creusa quatre à cinq sillons ; il avait apparemment voulu sonder le terrain et ne l'avait pas trouvé à sa conve-nance ; car il changea encore. Cette fois, après avoir creusé l'espèce de petit fossé, auquel je donne le nom de sillon, per-pendiculairement à la surface de la feuille, il contourna la tête, de manière à piocher parallèlement à cette surface.

Dirigeant ainsi sa fouille entre les deux membranes de la feuille, il parvint rapidement à loger la partie antérieure de son corps sous la membrane supérieure.

Continuant son travail, c'est-à-dire répétant la manœuvre

Jusquiame. — Plante narcotique qui croît dans les décombres
et sur les berges des fossés.

que je viens de décrire, il eut, en moins de deux minutes, logé tout son corps dans l'épaisseur de la feuille.

La vitesse et l'adresse, avec lesquelles ces vers s'ouvrent un chemin dans une feuille assez tendre, sont assurément admirables. Aussi ne se faisaient-ils pas une affaire de quitter leurs vieilles feuilles pour entrer dans les nouvelles feuilles que je leur présentais.

Dans des feuilles de poirier, j'ai trouvé des vers mineurs qui m'ont paru assez semblables à ceux des feuilles de jusquiame ; ils étaient de même grandeur ; mais je les ai trouvés en moindre quantité, et je n'ai vu qu'un ver en chaque endroit miné.

Des feuilles d'oseille m'ont aussi offert de grandes places minées, dans chacune desquelles il y avait cinq à six vers un peu plus petit que ceux de la jusquiame, mais qui n'en différaient qu'en grandeur.

Les mineurs que nous examinons actuellement ; ceux qui sont des vers sans jambes et qui doivent, par la suite, paraître sous la forme de mouches à deux ailes, se transforment la première fois comme les vers de la viande, en une nymphe enfermée dans une petite coque faite de la peau même que le ver a quittée. Quand l'insecte se dégage de la peau qui lui donnait la forme de ver, il ne sort point de cette peau ; il s'en détache seulement, elle le couvre toujours à peu près comme un homme pourrait rester enveloppé dans une robe de chambre dont il aurait retiré ses bras. Cette peau, qui n'est plus unie à l'insecte, se dessèche et forme une espèce de boîte, une coque dans laquelle la nymphe est aussi bien et mieux renfermée qu'elle le pourrait être dans ces coques que les chenilles et d'autres insectes construisent avec tant d'art pour s'y transformer.

Nous dirons donc que nos mineurs sont en coque quand nous voudrons dire qu'ils se sont transformés, pour la première fois, en une nymphe contenue dans une coque formée par la peau du ver.

Plusieurs espèces de nos vers mineurs sortent des feuilles dans lesquelles ils ont pris leur accroissement, quand ils sont près de leur première transformation. J'ai trouvé sur des feuilles et contre les parois des poudriers les coques des mi-

neurs de la jusquiame, de la poirée, de la bardane, des renoncules, du trèfle, etc.

D'autres se mettent en coque dans la cavité même qu'ils
ont creusée dans la feuille. Ainsi ai-je trouvé la coque d'un
mineur de plantin au bout de sa galerie.

Plusieurs autres espèces de vers mineurs se transforment
dans la feuille même, avec une petite précaution qui mérite
d'être remarquée : les galeries ne sont pas précisément creu-
sées dans le milieu de la substance de la feuille, d'un côté,
elles ne sont recouvertes que par le simple épiderme, et de
l'autre, elles le sont par la membrane extérieure, par l'épiderme et par la portion de la substance charnue qui y reste
attachée. Tant que les mineurs dont nous parlons se nourrissent pour croître, ils minent de façon que, du côté du dessus
de la feuille, les galeries ne sont couvertes que par la seule
membrane, que par l'épiderme du dessus de la feuille : c'est
là le côté par où il faut regarder si on veut bien voir le ver
sans le tirer de la feuille. De l'autre côté, la galerie a une
couverture plus opaque parce qu'elle est plus épaisse. Mais
lorsqu'un de nos vers mineurs songe à se métamorphoser, il
passe, pour ainsi dire, de l'autre côté de la feuille, c'est-à-dire
qu'il ouvre une cavité qui, du côté du dessus de la feuille,
est couverte d'une épaisseur capable d'empêcher de le voir, au
lieu qu'il n'est couvert alors au-dessous de la feuille que d'une
membrane mince, qu'il a même distendue comme elle doit l'être
pour se mouler sur un petit grain dont son corps prend la forme.

Si on regarde donc par-dessus une galerie dont le ver s'est
mis en coque, on ne peut voir ni ver ni coque. Mais qu'on
considère le dessous de cette feuille, le côté sur lequel la
galerie ne se fait point, ou se fait peu voir, là on trouvera une
petite éminence vis-à-vis l'endroit où est, de l'autre côté,
la fin de la galerie ; qu'on enlève doucement la membrane qui
recouvre cette éminence, et on trouvera la coque du mineur ;
ainsi cette coque est bien cachée.

Ce n'est pas apparemment pour nous que l'insecte prend tant de précautions; il a sans doute des ennemis contre lesquels il est hors d'état de se défendre.

Les mineurs des feuilles de laiteron, de chèvrefeuille et de diverses autres plantes en usent ainsi. Lorsqu'on voit de ces feuilles minées en galeries, on peut reconnaître aussi sûrement et aussi vite avec les doigts qu'avec les yeux si le mineur y est en coque.

On n'a qu'à prendre entre deux doigts la partie de la feuille où est le bout le plus large de la galerie. Quand le ver est en coque, on sent au bout de la feuille une petite éminence dure de la grosseur d'un grain de millet, ou plus grosse, selon la grosseur du ver qui s'y est métamorphosé.

Il y a aussi des mineurs en grand qui, après avoir miné la feuille plus près du dessus que du dessous, pendant qu'ils minaient pour croître, passent de l'autre côté quand ils sont près de se métamorphoser, et minent un espace moins grand que le premier et qui ne paraît miné que quand on regarde la feuille par-dessus : c'est ce que pratiquent pour l'ordinaire les mineurs de feuille de houx.

Les coques de ces vers sont rougeâtres, quelquefois couleur marron et même tout à fait brunes. Les couleurs de la même coque varient. Il y en a, comme celles de la jusquiame, qui sont presque rouges lorsque le ver s'y est renfermé depuis peu et qui, lorsqu'elles sont un peu plus vieilles, prennent la couleur marron. Toutes ont des anneaux bien marqués.

# III

.... Des coques des mineurs du laitcron et du chèvre-feuille, j'ai vu sortir de petites mouches, entre lesquelles je n'ai pas vu de différences sensibles. Elles étaient brunes, leurs ailes leur couvraient tout le corps et allaient même par de là. De plus grosses mouches à deux ailes sont sorties des coques des mineurs de la jusquiame.

Nous avons déjà dit que les mineurs en grand, au lieu de miner toujours devant eux, comme ceux en galerie, minent tout autour de l'endroit qu'ils habitent; cet endroit est marqué sur la feuille par une plaque blanche ou jaunâtre, c'est-à-dire par la portion de la membrane qui a été détachée. Cette portion de membrane, si elle avait été simplement détachée, serait lisse et unie comme elle l'était lorsqu'elle était appliquée sur la feuille. Il n'en est pas toujours ainsi, et la première fois que j'observai sur la partie minée d'une feuille de chêne une arête faisant saillie par-dessus, je fus très étonné. Cette arête allait d'un des bouts de l'endroit miné au bout diamétralement opposé.

Il était naturel de penser d'abord que cette arête n'était autre chose qu'une grosse fibre détachée de la feuille, mais sa direction et sa figure détruisaient cette idée....

Depuis j'ai constamment observé cette arête à toutes les portions d'épiderme qui avaient été séparées du parenchyme des feuilles de chêne par certaines espèces de mineurs, et j'ai été embarrassé de savoir comment elles pouvaient s'être produites, jusqu'à ce que j'ai observé des endroits qui avaient été minés

en grand dans des feuilles de pommier et dans des feuilles
d'orme. Des endroits minés de celles-ci m'ont découvert pourquoi l'épiderme détaché de certaines feuilles de chêne, forment
une arête, quel est l'usage de cette arête, et comment elle
peut être formée.

Les mineurs de la feuille d'orme sont des plus gros insectes
de ce genre ; l'espace compris entre les deux fibres parallèles,
qui partent de la première côte, borne pourtant l'espace dans
lequel chaque insecte creuse et se nourrit. Ces fibres sont pour
lui deux chaînes de montagnes qui l'arrêtent de chaque côté ;
de là il arrive qu'il se fait un logement plus·long que large, à
peu près rectangle. C'est la membrane, l'épiderme du dessous
de la feuille que ceux-ci détachent d'abord ; ils mangent pourtant
par la suite toute la pulpe qui est entre celle-ci et la membrane
supérieure.

Au lieu d'une arête, que nous avons fait observer sur ·
la membrane détachée d'une feuille de chêne, j'en ai souvent vu deux ou trois, et quelquefois davantage, sur la membrane détachée de la feuille d'orme. La structure de celles-ci était
plus aisée à reconnaître que la structure de celles du chêne. Il
était visible que chacune d'elles n'était qu'un pli de l'épiderme,
et que la sommité du pli qui s'élevait au-dessus du reste for-
mait l'arête en question.

Cela, dis-je, était visible, parce que, vers un des
bouts, on voyait les deux portions de membranes qui
commençaient simplement à se courber l'une vers l'autre,
et qu'un peu plus loin, elles étaient presque contiguës ; d'où il
était aisé de juger que, dans le reste de l'étendue, elles étaient
exactement appliquées l'une contre l'autre : en un mot, on voit
ici ce qu'on voit sur une bande de papier qu'on tient avec les
doigts pliés en quelques endroits, et que son ressort ouvre
un peu par delà les endroits où l'on tient les parties assujetties
les unes contre les autres.

L'effet que produisent les plis de cette membrane est clair ;

ils la rétrécissent et forcent par conséquent les deux fibres auxquelles elle tient de s'approcher l'une de l'autre ; la membrane opposée, celle qui est chargée de la substance de la feuille, est ainsi, par là, contrainte à se courber, à devenir convexe en dehors de la feuille.

L'avantage que l'insecte en retire est visible ; il se procure un logement qui a plus de hauteur, il se forme dans les feuilles une cavité proportionnée à la grandeur de son corps et aux mouvements qu'il s'y doit donner ; la membrane n'est plus bridée contre son corps, comme elle le serait sans cela, et il n'a plus autant de frottements à essuyer.

Rien ne confirme mieux cette opération que la forme donnée par nos mineurs en grand aux feuilles de pommier. On peut y observer des plis pareils à ceux de la feuille d'orme, mais souvent on y voit, en outre, du côté de l'épiderme détaché, qui ici est ordinairement le dessus, deux parties de la feuille qui, dans leur état naturel, étaient éloignées l'une de l'autre de sept à huit lignes, rapprochées au point de se toucher. Là, les plis de l'épiderme ont été si multipliés, si pressés les uns contre les autres, qu'il ne conserve plus qu'une petite partie de sa première étendue. En revanche, l'insecte s'est procuré par là une cavité profonde pour se loger.

Le temps où les mineurs de cette espèce sont en plus grand nombre et où ils ont le plus avancé leur travail sur les feuilles du pommier, c'est lorsque ces feuilles sont près de tomber, c'est-à-dire vers le milieu ou vers la fin d'octobre.

Qu'on observe alors les feuilles qui sont plus pliées en gouttière que les autres tout le long de la principale nervure, ou qui paraissent repliées en quelques autres endroits ; l'endroit où le pli est le plus considérable est le logement de l'insecte, souvent on trouvera deux ou trois pareils logements sur une même feuille....

Les trois espèces de mineurs dont nous venons de parler, sont des chenilles à quatorze jambes, et qui n'en ont que six intermédiaires, disposées de façon qu'entre la dernière paire de celles-ci et la paire des postérieures, il y a trois anneaux sans jambes.

Les mineuses de feuilles de pommier sont d'un jaune qui tire sur la couleur du karabé (1), les mineuses des feuilles de chêne sont d'un blanc légèrement teinté de vert.... On ne déciderait pas sûrement si ces chenilles sont de la même ou de différentes espèces, si les papillons dans lesquels elles se transforment ne l'apprenaient, ou si on ne pouvait voir que le travail, par lequel elles se préparent à leur métamorphose, est différent.

Si, dans le mois d'octobre, on perce et on enlève l'épiderme qui a été plissé par une mineuse du pommier, on trouve sous cet épiderme une chrysalide qui n'est point renfermée dans une coque. Si, dans le même temps, on ouvre la partie minée d'une feuille de chêne, on y trouve aussi une chrysalide, mais logée dans une petite coque, dont le tissu est assez serré et fait d'une soie blanche. Le tissu de cette coque est mince, et c'est apparemment pour le fortifier que la chenille a eu soin de couvrir son extérieur avec des petits grains noirs qui sont ses excréments.

Enfin, si on ouvre la partie minée d'une feuille d'orme, on y trouve une très petite mais jolie coque de soie qui a, en petit, la figure des coques de soie les mieux faites par de grandes chenilles, la figure des coques de vers à soie.... La couleur de la soie de ces coques n'est pas même une couleur ordinaire, c'est un vert céladon ou un bleu verdâtre.

Parmi les mineuses dont nous parlons, il y en a qui se mettent en chrysalides dans les mois de juin et de juillet, et ce n'est que pour indiquer le temps où on en trouve davantage, que nous avons dit de les chercher à la fin d'octobre. Alors les feuilles tombent ou sont prêtes à tomber, et les chrysalides renfermées dans leur intérieur tombent avec elles.

(1) Le succin ou ambre jaune.

Celles qui sont renfermées dans des coques sont au moins en quelque sorte à couvert pendant que la feuille se pourrit. Je ne sais si les autres peuvent résister à l'humidité, s'il n'en périt pas beaucoup pendant l'hiver; ce que je sais, c'est que des papillons sont sortis, avant ou après la fin de l'hiver, des feuilles minées que j'ai enfermées dans des poudriers, où elles étaient séchement.

Ce n'est que vers la mi-mai que j'ai remarqué dans mes poudriers des papillons de mineurs de feuilles d'orme; peut-être

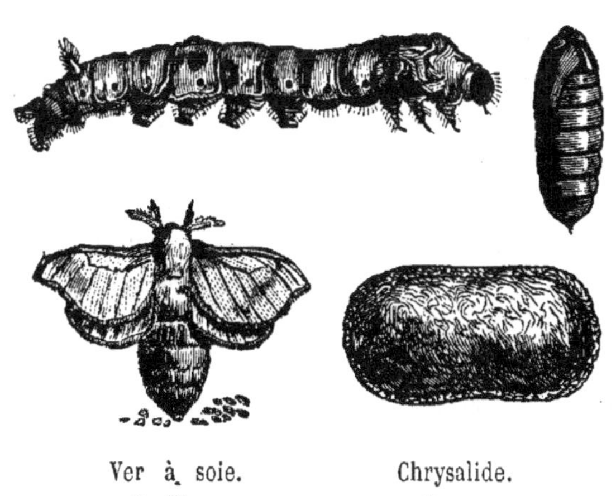

Ver à soie.
Papillon.
Chrysalide.
Cocon

étaient-ils nés depuis longtemps. Il est regrettable qu'ils soient si petits; s'ils avaient naturellement la grandeur dont ils nous paraissent, vus au travers d'une forte loupe, ce seraient, ainsi que je l'ai déjà dit, des papillons à la beauté desquels il n'est personne qui ne se montrât sensible.

Je ne connais pas de papillons plus richement vêtus, leurs ailes paraissent tout or et tout argent, et cet or est l'or le plus éclatant, l'or le mieux perlé. Il semble rayonner, il est de la plus belle couleur. Des raies d'argent, bien blanc et bien bruni, traversent l'aile et la font paraître plus belle qu'elle ne serait si elle était toute en or pur; les bouts et quelques autres petits endroits des ailes et du corps, sont d'un noir velouté qui rehausse singulièrement l'éclat de l'or et de l'argent.

Les papillons des mineuses du pommier sont nés chez moi à peu près en même temps que ceux des mineuses d'orme ; leurs ailes ne sont pas aussi riches que celles des autres, mais on ne les voit pas avec moins de plaisir. C'est l'argent qui y domine. Elles ont, en bel argent, à peu près tout ce que les autres ont en or, et en or ce que les autres ont en argent. Mais les raies d'or sont toutes placées longitudinalement sur leurs ailes, au lieu que les raies d'argent sont disposées transversalement sur celles des autres.

Les papillons des feuilles de chêne, dont l'épiderme de la partie minée a une arête, sont nés chez moi vers le commencement du printemps, après y avoir passé l'hiver sous forme de chrysalides. Leurs ailes sont riches quoiqu'elles n'aient pas autant d'éclat que celles des papillons du pommier. Elles sont d'un argent dont le poli est moins vif, c'est-à-dire d'un ton plus mat.

J'ai négligé de chercher à avoir le papillon de la mineuse de la feuille de poirier qu'on ne trouve pas aussi souvent que la mineuse de la feuille de pommier. Elle plisse comme celle-ci l'épiderme qu'elle a détachée ; elle est aussi une chenille à quatorze jambes et de la troisième classe ; elle est d'un blanc verdâtre, au lieu que celle du pommier est jaune. Mais j'ai eu, au commencement du printemps, le papillon d'une chenille qui mine en grand la feuille du noisetier et qui fait une arête à la partie minée de l'épiderme... Le papillon qui vient de cette chenille le peut disputer en beauté à tous les autres. Ses ailes supérieures, qu'il porte en queue de coq, sont rayées transversalement d'une bande d'or nué et d'une bande d'argent éclatant. Le premier trait de chaque bande d'or est d'un or clair un peu pâle ; cet or se nue insensiblement jusqu'au dernier trait de la même bande qui est d'un or brun ou d'un brun doré. Sur chaque aile, il y a six à sept pareilles bandes dorées et quatre à cinq argentées. Ce papillon a deux houppes blanches en devant de la tête.

« Abandonnant pendant quelques instants l'intéressant récit de Réaumur, nous ouvrons une large parenthèse au profit des papillons, assurément fort connus de tous nos lecteurs, mais dont la définition entomologique demande à être donnée.

» Le nom de papillon est appliqué, dans le langage populaire, à tout l'ordre d'insectes que les entomologistes désignent sous le nom de lépidoptères, et Réaumur semble lui-même lui donner toute cette extension.

» Toutefois, les progrès de la science ont amené la création d'une foule de genres très distincts ; de telle sorte que les

Vanessa. — Lapidoptère diurne, dont la chenille vit sur l'ortie et les chardons.

*vrais papillons* ne forment plus aujourd'hui qu'un de ces genres, fort important, il est vrai, tant par le nombre et la vaste diffusion géographique de ses espèces, qu'en ce qu'il sert de type à l'ordre des lépidoptères.

» C'est dans cette acception que nous devons envisager ici les *papillons*.

» Ces insectes présentent, comme caractères essentiels, une tête grosse, des palpes (1) inférieures très obtuses, très

(1) Nom donné à des organes en nombre pair, articulés, mobiles, pla-

courtes, atteignant à peine le chaperon, à articles très peu distincts, le troisième presque nul ; les yeux grands et saillants, les antennes assez longues, renflées à l'extrémité et une masse arquée de bas en haut ; les ailes assez robustes et à nervures saillantes ; les inférieures à bord interne évidé et replié en dessus, de manière à laisser l'abdomen entièrement libre ; le bord extérieur denté et terminé en une sorte de queue plus ou moins longue ; six pattes ambulatoires presque égales, à tarses terminées par des crochets simples : l'abdomen assez gros et de médiocre longueur.

» Les chenilles sont épaisses et glabres ou rases, assez petites et arrondies ; le premier anneau du corps porte un tentacule rétractile, fourchu, en forme d'Y.... Elles vivent le plus généralement solitaires. Il en est cependant qui restent en famille jusqu'à l'époque de leur transformation en chrysalides.

» Des plantes fort différentes leur servent de nourriture ; mais en général les espèces des mêmes groupes vivent sur des plantes de la même famille. Les ombellifères, les malvacées, les lauririées, les druparées, quelques anonées, certaines aristoloches, mais surtout les aurantiacées, sont les familles de végétaux que ces chenilles affectionnent presque exclusivement.

» Elles offrent entre elles des différences de formes assez notables : les unes sont cylindriques, entièrement lisses ; les autres sont munies de prolongements charnus, assez allongés ; d'autres sont raccourcies et pourvues de plusieurs pointes charnues assez courtes ; enfin, il en est qui ont quelque ressemblance de forme avec les limaces.

» Le moyen qu'emploie la chenille pour se fixer et se transformer en chrysalide est assez curieux : elle commence par

cés sur la mâchoire inférieure ou sur les lèvres des insectes et des crustacés, et qui semblent être, chez les insectes, les principaux organes du toucher.

filer, à l'endroit qu'elle a choisi, un petit tampon de soie qui enveloppe et retient les crochets des pattes anales. Ainsi fixée par sa partie postérieure, elle se tient seulement sur ses pattes membraneuses, en élevant et redressant le plus possible la tête et le thorax. Elle porte alors sa tête vers le flanc droit à la hauteur de la première paire des pattes membraneuses, cherchant un point où elle fixe le fil, dont l'autre extrémité sera établie à la même hauteur, sur un point correspondant du côté gauche ; mais pour donner à cet anneau le développement nécessaire, elle maintient le centre du fil sur ses pattes antérieures, en ajoutant successivement des brins de soie jusqu'à

Machaon. — Lepidoptère diurne, dont la chenille vit sur les ombellifères.

ce que cette ceinture ait acquis la solidité suffisante. Alors elle engage sa tête dans ce lien demi-circulaire qu'elle a filé, et par des mouvements de contraction, elle parvient à s'élever jusqu'au milieu du corps.

» Cet anneau, assez simple pour ne pas gêner la transformation, maintiendra la chrysalide et sera plutôt un point d'appui qui favorisera la sortie de l'insecte parfait... (1) »

Revenons au récit de Réaumur :

Il y a un grand nombre de chenilles de troisième classe qui font une arête sur l'épiderme qui couvre la partie minée, dont je n'ai pas eu le papillon. Telle est une mineuse de l'aulne.

(1) Grand Dictionnaire universel.

Dès que nous avons vu que nos chenilles mineuses savent
filer, qu'elles se construisent des coques, nous ne devons plus
être embarrassés pour nous rendre compte de la façon dont elles
s'y prennent pour faire ces arêtes, ces plis de l'épiderme
qu'elles ont détachés et au dessous duquel elles sont logées.

Nous suivons ailleurs (1) les procédés des chenilles qui
roulent et qui plient les feuilles au moyen des fils qu'elles tirent
en différents sens et qu'elles chargent du poids de leur corps;
supposons à celles qui minent une semblable industrie ; dès
qu'elles peuvent filer, elles ont tout ce qu'il faut pour faire
prendre des plis à la membrane qu'elles ont détachée. Il est
vrai que, dans ces plis, dans ceux qui ne forment qu'une simple
arête sur les feuilles de chêne, les parties sont bien autrement rapprochées que dans les feuilles même pliées, que le
pli y est pris de bien plus près, mais aussi nos insectes mineurs
ont affaire à une membrane incomparablement plus mince et
plus flexible que ne l'est une feuille. Ils tapissent de toiles une
partie de l'intérieur de leur cavité, et ce sont ces toiles qui
contraignent la membrane à se plisser. Leurs toiles sont si
fines, si serrées, que je ne les eussent pas reconnues, si je
n'eusse su que ces insectes avaient besoin d'en faire.

Tous les mineurs en grand ne font pourtant pas prendre des
plis à la membrane qui les couvre. On trouve, sur les rosiers
de nos jardins et sur le cynorrhodon ou rosier sauvage, une
grande quantité de mineurs en grand. La membrane au-dessus
de leur logement ne fait qu'une petite bosse en dehors. On
trouve aussi sur le houx, sur le noisetier, sur le chêne, etc.,
de grandes places minées et couvertes par l'épiderme qui forme
une convexité en dehors de la feuille. Cet épiderme, en se
desséchant, pourrait bien devenir plus tendre ; mais le raccour-
cissement de ses fibres ne peut pas lui faire prendre de la convexité. C'est en filant une ou plusieurs toiles très minces que le
mineur l'a obligé à s'écarter et à se tenir écarté de la partie de

____

(1) Mémoire sur les chenilles.

la feuille d'où il l'a détaché. Cette toile ou ces toiles, comme
on l'a déjà dit, ne sont pourtant presque sensibles que par les
effets qu'elles produisent ; mais pour me convaincre que ces insectes la filent contre les endroits où elles peuvent être nécessaires, j'ai percé avec la pointe d'un canif la membrane mince
qui était au-dessus de l'endroit miné de la feuille d'un rosier ;
j'y ai fait une petite déchirure qui me laissait voir une partie de
l'insecte à nu. Quand j'ai voulu observer la même déchirure

Papillon podalire. — Lapidoptère diurne qui, à l'état de larve
se nourrit des feuilles de l'amandier et du prunellier.

vingt-quatre heures plus tard, j'en ai trouvé les bords réunis
par une toile que le mineur avait filée sur la surface de l'intérieur de l'épiderme. J'ai fendu de la même manière des membranes qui couvraient les mineurs en grand du pommier, et
ces mineurs en ont usé comme avait fait celui du rosier....

.... La propreté d'un mineur en grand du chêne, ne nous
permet pas de le laisser confondu avec beaucoup d'autres. Son
travail n'a pourtant rien de particulier ; l'espace qu'il mine est

à peu près circulaire ; l'épiderme qui le couvre à un peu de convexité sans avoir d'arête. Quand il ne mine pas, il est ordinairement plié en arc.

Si on enlève l'épiderme qui le couvre, on n'aperçoit aucun excrément dans son logement ; aussi a-t-il l'attention de les faire hors de son enceinte. C'est ce que m'apprit un de ces vers que j'observais au grand jour ; je le vis marcher à reculons jusqu'à une petite fente ménagée par lui, à dessein sûrement, près du bord de l'enceinte, et rejeter par là un petit grain noir, après quoi il regagna l'intérieur de sa demeure et reprit son travail....

# IV

.... Pour mettre fin à ce mémoire, il nous reste à décrire quelques-unes des espèces de vers mineurs qui se transforment en scarabées. Il en est une qui en veut aux feuilles d'ormes et qui est très aisée à trouver.

Si on observe les feuilles de plusieurs de ces arbres à la fin du printemps, on en apercevra qui, quoique très vertes partout ailleurs, ont, quelque part, près de leurs bords, une partie desséchée mais plus renflée que le reste. Un ver blanchâtre, qui a rongé l'intérieur de la feuille à cet endroit, est cause du desséchement qui y paraît ; ce ver se tient à peu près à égale distance du dessus et du dessous de la feuille, et il oblige les parties qu'il a séparées à prendre chacune de la convexité vers le dehors.

Ce ver se métamorphose en un très petit scarabée brun qui est de la classe de ceux que nous appellerons dans la suite des scarabées à tête en trompe, parce que leur tête, extrêmement allongée et effilée, a la figure d'une longue trompe écailleuse.

Le bouillon blanc, dont les feuilles plus épaisses que celles du commun des plantes sont comme drapées, nourrit des mineurs beaucoup plus grands que ceux de la plupart des plantes. Ce sont des vers blanchâtres assez courts par rapport à leur grosseur. Ils ne paraissent avoir aucune véritable jambe; mais lorsqu'ils veulent marcher, une petite partie inférieure de chaque côté de chaque anneau s'allonge et fait la fonction de jambe. Leur tête est brune, elle doit principalement cette couleur à deux dents qui, appliquées l'une contre l'autre, forment un triangle. C'est surtout vers la fin d'août qu'il faut chercher, dans les feuilles du bouillon blanc, ces insectes qui, pour se transformer en nymphes, se filent une jolie coque presque sphérique, d'une couleur blanchâtre et d'un tissu si serré qu'elle paraît plutôt faite d'une membrane que de fils placés les uns contre les autres.

Les uns se la fabriquent dans la cavité même qu'ils ont minée; d'autres sortent de cette cavité et attachent leur coque, soit au-dessus, soit au-dessous de la feuille qui les a nourris, ou de quelque autre feuillle.... Au bout de sept à huit jours, le petit scarabée est déjà prêt à sortir de cette coque qu'il ronge alors presque circulairement, de façon à transformer la pièce détachée en une porte aisée à ouvrir; il la pousse, elle cède et lui donne un libre passage.

Ce scarabée est, comme le précédent, de la classe de ceux dont la tête allongée a la figure d'une trompe. Son corps tient de la figure sphérique; il est porté par d'assez longues jambes. Son ventre est lisse et noirâtre; son corselet et le dessus des fourreaux de ses ailes sont velus et à peu près de la couleur des feuilles de bouillon blanc qui commencent à se dessécher. Une tache ronde et noire se trouve invariablement sur le fourreau des ailes vers le milieu du corps, et une plus petite tache noire et circulaire, comme la première, est posée près du bout des mêmes fourreaux. Les ailes cachées sous ces fourreaux sont assez longues.

Vers la mi-septembre, j'ai eu le scarabée d'un ver mineur en grand des feuilles de mauve. Il est d'une classe différente que celui du bouillon blanc : son corps est plus applati que celui d'aucun autre scarabée. Sa tête est courte et porte deux antennes à filets grainés ; quand il marche, son corps semble toucher le plan sur lequel il avance. Les fourreaux de ses ailes sont d'un bleu violet ; son corselet, sa tête et son ventre sont couleur bronze, ce qui, malgré sa petitesse, rend ce scarabée aisé à reconnaître.

Les scarabées bleus des divers genres sont ordinairement tout bleus ; lorsque j'ai trouvé ces insectes dans les feuilles de mauve, ils y étaient déjà en nymphes très plates, comme l'est le scarabée ; mais ces nymphes n'y étaient point enfermées dans des coques. Quoique j'aie eu beaucoup de ces nymphes, je n'ai pu avoir aucun des vers mineurs dont elles viennent.

Le temps de trouver ces insectes sous leur première forme était probablement passé....

V

« Les scarabées si souvent nommés par Réaumur doivent nous arrêter quelques instants. Ce nom a été longtemps pris pour signifier la tribu toute entière des scarabéïdes (1), et

(1) On désigne sous ce nom une tribu d'insectes coléoptères de la famille des lamellicornes, ayant pour type le genre *scarabée*, et que caractérisent surtout des antennes terminées en massues. Cette tribu, fort nombreuse, comprend trois à quatre mille espèces répandues dans toutes les contrées du globe, et notamment dans les régions chaudes et boisées.

c'est dans ce sens que Réaumur l'emploie. Les naturalistes l'ont depuis restreint au genre qui a donné son nom à la tribu.

« Ce genre, qui compte dans ses espèces les géants de l'ordre des coléoptères, se signale par un corps lourd, massif, solidement cuirassé ; par un labre imperceptible, des mandibules puissantes, une tête et un protorax presque toujours pourvus, chez les mâles, de prolongements en forme de cornes.

» Les espèces de ce genre de scarabées ont des mâchoires garnies de dents, et l'on trouve, chez ces insectes, un appareil construit pour la trituration de feuillages durs et même de tissus ligneux.

» Les cornes que portent les mâles leur donnent une physionomie étrange. Dans l'état actuel de la science, on cherche en vain quel peut être le rôle de ces prolongements, qui présentent une grande diversité selon les espèces. Rien dans la vie de ces animaux ne fait soupçonner leur usage, et on est conduit à les regarder comme de simples parures.

» Les grandes espèces habitent exclusivement les contrées tropicales, les Antilles, l'Amérique du Sud, les Moluques. Les larves de ces énormes insectes vivent dans les vieux troncs et font une consommation effrayante de végétaux.

» Les plus remarquables sont : le *scarabée Hercule* au corps noir, avec des élytres olivâtres, tachetés de noir, et le front portant, chez le mâle, une corne prodigieusement longue ; le *scarabée Jupiter* de la Nouvelle-Grenade, espèce voisine de la précédente, aux élytres noirs comme les autres parties du corps ; le *scarabée Actéon* du Brésil, tout couvert d'un fin duvet ; le *scarabée Atlas* de l'île d'Amboine, ayant la teinte et le brillant du bronze.

» Parmi les scarabées de notre pays, le *cerf-volant*, dont nous donnons ici la figure, est le plus remarquable.

» Ce scarabée, qui appartient à l'espèce des lucanes, doit son nom à la ressemblance de ses mandibules avec le bois d'un cerf.

» Il est caractérisé par un corps applati, par des mandibules qui, d'ordinaire, sont excessivement grandes chez les mâles, et des mâchoires qui sont, ainsi que la lèvre inférieure, terminées par des poils.

» La femelle, comme dans tous les congénères du cerf-volant, est beaucoup plus petite que le mâle.

» La tribu des cerfs-volants se divise en une vingtaine d'espèces différentes. Ceux que l'on observe dans les environs de Paris ne se rencontrent que vers le coucher du soleil; ils se tiennent accrochées aux arbres pendant le jour, et ne se livrent que le soir à la recherche de leurs aliments. On présume qu'ils se nourrissent des sucs qui découlent des plaies des arbres, de la sève des végétaux, et peut-être même des feuilles. On assure qu'on peut leur faire manger du miel. Swammerdam avait, dit-il, un de ces insectes qui était très avide de cette substance; lorsqu'on lui en présentait au bout d'un couteau, il suivait comme un petit chien.

» Les mandibules longues et dentées des mâles ont une grande force, pincent vigoureusement, et peuvent soulever un assez grand poids. Latreille rapporte que le développement remarquable de ces organes a donné lieu a un préjugé populaire d'après lequel, dans certains pays, le nom de cerf-volant est devenu synonyme d'incendiaire.

» Quoi qu'il en soit, la croyance populaire est que le cerf-volant va parfois prendre dans les maisons, avec ses mandibules en forme de pinces, des charbons ardents, qu'il lâche ensuite, dans son vol, de manière à allumer soit les herbes sèches, soit les meules de foin ou de blé, soit même le toit des chaumières, sur lesquels ils tombent.

» Leurs métamorphoses ne sont pas bien connues. On sait seulement que lorsque les larves, ayant acquis tout leur développement, vont se transformer en nymphes, elles creusent dans le sol, souvent à une grande profondeur, une cavité dont elles rendent les parois plus solides que la terre elle-même ; ce qui fait supposer qu'elles humectent cette terre d'une matière liquide, à l'aide de laquelle elles peuvent la pétrir et en former une espèce de coque.

Cerf-volant mâle. — Insecte de l'ordre des lucanes.

» La larve est d'un blanc jaunâtre avec le sac d'un gris ardoisé ; la tête est plus ou moins rougeâtre. Le corps est gros, et la tête de même largeur que les premiers segments du tronc ; le troisième article des antennes est, au moins, aussi long que les deux suivants réunis ; le dernier est très court ; les segments antérieurs du corps offrent très

rarement des plis transversaux, toujours très peu marqués.

» L'insecte n'est parfait que quatre ans après l'éclosion de
l'œuf qui l'a produit ; il ne sort de sa coque que lorsque ses
élytres et son corps ont atteint la consistance et la couleur
qu'ils doivent conserver. »

Cerf-volant femelle.

# HISTOIRE DES PUCERONS (1)

PRÈS avoir fini les histoires des chenilles et des vers mineurs que l'on peut aisément observer dans nos jardins, nous arrivons à une classe d'insectes excessivement petits, mais qui, malgré leur petitesse ne laissent pas d'être très connus, et cela parce qu'ils sont ordinairement rassemblés sur divers arbres et plantes de nos jardins en assez grand nombre pour s'y faire voir et s'y faire trop voir.

Les insectes dont nous voulons parler sont connus sous le nom de *pucerons*. Rien n'est plus ordinaire que de trouver des feuilles de nos arbres fruitiers et de beaucoup d'autres arbres, qui en sont toutes couvertes.

Quoique l'odeur douce et suave des fleurs du chèvrefeuille plaise généralement, nous sommes presque dégoûtés de mettre cet arbuste dans nos jardins, et cela parce que les pucerons l'aiment trop. Ses fleurs en sont souvent si chargées qu'elles en deviennent hideuses.

C'est une classe de petits animaux dont la nature a prodigieusement multiplié les espèces. Le nombre de ces espèces

(1) Ce Mémoire est le neuvième dans le troisième volume du travail de Réaumur sur les insectes. Les Mémoires intermédiaires se rapportent aux diverses espèces de teignes qui s'attachent aux étoffes, aux vêtements, etc., et dont nous avons cru devoir conserver, pour les réunir dans un corps de volume, les curieuses histoires.

Les pucerons, dont il est question dans l'intéressant Mémoire que nous reproduisons ici, ont d'ailleurs leur place marquée à la suite des vers mineurs. Leur vie se passe, comme la vie de ceux-ci, dans nos jardins; et ainsi d'intéressantes observations pourront être faites par nos lecteurs, sans qu'ils aient à changer ni de terrain ni de scène.

dépasse peut-être celui des espèces de plantes ; car s'il n'est pas sûr que chaque espèce de plante ait une espèce de puceron qui lui soit particulière, il est sûr que souvent plusieurs espèces de pucerons aiment la même plante.

Non seulement il y en a qui vivent sur les fleurs, sur les feuilles et sur les tiges, mais il y en a qui vivent sous terre sur les racines.

Ces pucerons de différentes espèces nous offrent une très grande variété de couleurs. Tous sont armés d'une trompe très fine avec laquelle ils piquent les plantes et en tirent un suc dont ils se nourrissent. On en verra qui sont pourvus d'une trompe démesurément longue, trois à quatre fois plus longue que leur corps, sous lequel elle se couche pour aller bien au delà en arrière tirer de la plante le suc nourricier. Les excréments qu'ils rendent sont liquides. Ils portent, de plus, dans la partie postérieure de leur corps, deux cornes assez grandes, eu égard aux dimensions de l'animal, et singulières par leur usage. Chacune d'elles est un tuyau creux par lequel sort de temps. en temps une liqueur dont l'insecte doit se vider ; cette liqueur est ordinairement très sucrée.

Plusieurs naturalistes ont pensé que les fourmis faisaient la guerre aux pucerons ; d'autres, au contraire, ont pensé qu'elles avaient pour eux une grande amitié, et cela parce que les uns et les autres ont observé des files de fourmis qui se rendent où sont les pucerons.

Pour parvenir à trouver les pucerons les plus cachés, il n'y a donc qu'à prendre les fourmis pour guides, il n'y a qu'à les suivre. Elles ne haïssent pourtant, ni elles n'aiment les pucerons, mais elles sont avides de la liqueur sucrée dont nous venons de parler.

Dans chaque espèce, dans chaque famille de pucerons, il y en a toujours de non ailés, et il y en a d'ailés ; il y en a qui sont toujours dépourvus d'ailes, et il y en a qui parviennent à en prendre. Les uns et les autres se reproduisent presque

incessamment; leurs petits naissent vivants et se mettent
aussitôt à dévorer les sucs de la plante sur laquelle ils sont
entassés.

Plusieurs parmi eux ont besoin d'être à couvert : ceux-là
font naître des excroissances, des tubérosités, de grosses
vessies dans lesquelles ils sont renfermés de toutes parts. Sans
être naturaliste, on peut avoir vu sur les ormes des vessies
grosses quelquefois comme des pommes. La grande cavité,
qui est au milieu de ces vessies, est habitée par des milliers
de pucerons.

Tous doivent leur origine à une seule mère, qui a ménagé
les piqûres qu'elle a faites à quelque partie d'une plante,
à une feuille, par exemple; qui, dis-je, a ménagé ces piqûres
de façon qu'elle a déterminé cette partie de la plante à croître
plus que les autres.

Dans ce lieu, qui nous semble une prison bien close, le
puceron se trouve parfaitement à l'aise. Il y met au jour
des petits, et le logement devient de plus en plus spacieux,
à mesure que la famille augmente. Avec le temps, les petits
sont en état de donner eux-mêmes naissance à d'autres ; ainsi
ces galles ou vessies se peuplent; à la fin, elles s'ouvrent, et
des pucerons ailés et non ailés en sortent.

Ce second mémoire nous fait voir de ces vessies singulières
par leur figure et par leur grandeur; il nous fait connaitre
qu'elle est la nature d'une eau gluante qui s'y trouve rassem-
blée, et dont la médecine a cru devoir faire usage.... Ce qu'on
arrivera à apprendre, c'est qu'en Chine, en Perse, dans le
Levant, etc., des pucerons travaillent utilement pour les arts;
les vessies qu'ils font naître sont une des drogues employées
dans l'art de la teinture.

On se sert de ces vessies, dans le Levant, pour teindre
la soie en cramoisie; il n'y a que leur rareté qui nous empêche, en France, de nous en servir (1).

(1) « Cette exploitation des galles, indiquée par Réaumur comme devant

J'indique cependant des galles que les pucerons font naître chez nous, et qu'on pourrait employer aussi utilement que celles du Levant....

attirer l'attention de l'industrie, n'a plus aujourd'hui aucune raison d'être.

» Presque au moment, du reste, où le savant physicien cherchait à porter de ce côté l'attention des savants, l'art de la teinture abordait en France des voies nouvelles. Peu après, c'est-à-dire vers la fin du siècle dernier, « les efforts des célèbres chimistes, les Dufay, les Hellot, les Macquer, secondés par les manufacturiers de l'Alsace et surtout par Michel Hausmann de Mulhouse, eurent pour résultat de jeter les bases théoriques de la teinture et d'ajouter de nouveaux produits aux matières colorantes anciennement connues. Jusqu'à cette époque, les plantes, à peu près seules, avaient fourni des couleurs au teinturier. A partir de la fin du xviiie siècle, le règne minéral fut largement mis à profit pour enrichir la palette des couleurs applicables aux étoffes. C'est alors que les sels de chrome, de nickel, de cobalt, de cuivre, d'arsenic prirent domicile dans les ateliers de teinture.

» Pour amener l'histoire de la teinture jusqu'à la moitié de notre siècle, il suffit de citer les savants ouvrages de Berthollet, de Chaptal, de Chevreul, de Persoz, à qui revient l'honneur d'avoir régularisé la pratique des ateliers et éclairé les procédés de cette industrie par les lumières de la chimie, de la mécanique et des sciences naturelles.

» Restée stationnaire depuis les travaux des auteurs que nous venons de nommer, l'industrie de la teinture fit, à partir de l'année 1858, un bond gigantesque par la découverte des couleurs dérivées du goudron de houille.

» Grâce aux progrès de la chimie organique, on apprit à extraire du goudron de houille, traité par des agents de réaction ou d'oxydation, une immense série de matières colorantes dont l'éclat surpasse celui de la plupart des matières tinctoriales jusqu'alors connues, et qui sont d'une application extraordinairement facile sur les étoffes.

» La découverte des couleurs d'aniline, qui a fait sortir du laboratoire du chimiste toute une légion de principes colorants nouveaux, a, par cela même, jeté un grand trouble dans l'industrie de la préparation de plusieurs matières colorantes, comme la cochenille, l'orseille et la garance ; elle a produit une véritable révolution dans l'art de la préparation des couleurs applicables aux étoffes.....

» .... Une substance extraite du sein de la terre, qu'il est impossible de classer avec précision dans le règne minéral ou végétal, puisqu'elle n'est qu'un détritus des forêts du monde antédiluvien, mêlée à des matières minérales, et que l'on ne peut ranger que parmi le produit des mines, une matière fossile, en un mot la houille, est venue se joindre

# I

Après avoir suivi les insectes à qui la nature a donné l'intelligence et l'industrie de se faire des logements, il est assez naturel de suivre ceux des logements desquels la nature elle-même semble s'être chargée.

Je veux parler de ces insectes qui, depuis leur naissance jusqu'à leur transformation, ne paraissent occupés d'autres soins que de celui de sucer ou de ronger l'intérieur de quelque partie d'arbre ou de plante dans laquelle ils se trouvent.

Mais la nature a tout disposé de manière que cette partie même, que ces insectes rongent ou sucent, loin d'être réduite presqu'à rien à force de s'émincer, loin d'être presque détruite, devient plus épaisse et plus considérable que les autres parties semblables, d'où les insectes ne tirent rien; elle croît plus que le reste : plus les insectes lui ôtent, et plus sa solidité augmente en tous sens.....

Quelques-unes de ces galles ont des figures très remarquables; elles paraissent assez ordinairement des fruits et de très gros fruits.

aux agents producteurs des couleurs. Et l'on peut dire que la dernière venue a rapidement éclipsé ses devancières....

» .... Ce qu'il y a d'étrange, ce qui étonne surtout le vulgaire, c'est que ces magnifiques couleurs soient extraites d'une matière que tout semblait devoir écarter d'un tel rôle. Le goudron de houille, noir, fétide, poisseux et d'un aspect repoussant, est le père de toutes ces splendides couleurs. Le goudron de gaz, qui était autrefois une si grande cause d'encombrement et d'embarras, est devenu une source de produits précieux; et maintenant, loin de le jeter aux débarras des alentours des villes, on distille quelquefois de la houille dans le seul but d'en recueillir le goudron. »

Nous avons cru devoir donner l'histoire des pucerons avant de nous engager dans celle des galles et de leurs insectes ; toutefois la classe des pucerons, étant très nombreuse en espèces différentes, il arrivera que quelques-unes de leurs espèces nous obligeront d'entamer l'histoire des galles. Elles nous mettront plus à portée qu'aucun autre genre d'insectes de voir d'où dépend la production de ces sortes de tubérosités. D'ailleurs, la suite de cet ouvrage exigera souvent de traiter des pucerons, à l'occasion d'insectes de plusieurs classes différentes qui s'en nourrissent (1), notamment des fourmis.

Etant donnés que nous soyons maîtres de choisir nos connaissances, nous devons nous efforcer d'en acquérir sur les objets qui sont le plus souvent présents à nos yeux. Il ne peut que nous être beaucoup plus agréable de connaître les petites manœuvres des insectes qui se trouvent dans nos jardins, que celles des insectes des Indes que nous ne verrons jamais.

Or, dans nos champs et dans nos jardins, il est peu d'arbres, il est peu de plantes, et peut-être n'en est-il point, qui n'ait son espèce particulière de pucerons, ou du moins à qui quelque espèce de pucerons ne s'attache.

Ce serait un ouvrage bien long et aussi inutile que long, que celui de les parcourir toutes ; mais il convient de savoir ce qu'elles ont de commun et les particularités les plus remarquables de quelques-unes.

Tout petits que sont les pucerons, ils ne sont pas moins propres que les plus grands animaux à élever notre admiration à l'Auteur de tout ce qui existe ; et c'est là un des plus grands fruits que l'on doive tirer de l'histoire naturelle : elle réveille notre attention par des merveilles qui ne surpassent pas celles que nous avons constamment sous les yeux, mais

(1) Un autre motif, dont Réaumur ne parle pas ici, rend l'histoire des pucerons intéressante et utile à connaître : nous voulons parler du rôle considérable et désastreux que cet insecte, si petit, fait dans le succès ou l'insuccès d'une foule de cultures, dans celles surtout des plantes potagères et des arbres fruitiers.

qui sont pourtant plus capables de nous frapper parce que nous y sommes moins accoutumés.

Nous verrons d'ailleurs avec moins de peine les feuilles de nos arbres salies, contrefaites et quelquefois entièrement défigurées par ces insectes, quand chaque fois que nous verrons soit les pucerons, soit les feuilles maltraitées, nous nous rappellerons quelques faits de l'histoire de ces insectes dignes d'être connus.

Après avoir suivi et décrit les mouvements de ces globes immenses qui ornent le ciel : M. de la Hire savait donner son attention aux pucerons : leur petitesse ne les empêchait pas de paraître admirables à ses yeux. L'histoire de l'Académie de 1703 rapporte les observations qu'ils lui avaient fournies; mais, à vrai dire, ils lui en eussent fourni de bien plus singulières, et il n'eût pas été exposé au risque de deviner mal sur leur compte, s'il eût eu plus de temps à leur accorder ou plus de commodité à les observer.

.... Le nom de puceron n'aurait dû être donné, ce semble, qu'à des insectes vifs, sautant avec agilité, comme les puces. Nos pucerons cependant sont des insectes très tranquilles : ils ne marchent que rarement, et leur marche, pour l'ordinaire, est lourde et pesante. Ils ont six jambes, assez longues et déliées, qui, dans ceux de plusieurs espèces, paraissent surchargées du poids qu'elles ont à porter, lorsque l'insecte est parvenu à son dernier terme de grandeur.

En général, ces insectes sont petits ; mais ils ne le sont pas à tel propos que de bons yeux ne puissent distinguer, sans secours de microscope, les principales parties extérieures de ceux de la plupart des espèces.

Une grande partie des pucerons parvient à prendre des ailes. Ils se transforment en différentes espèces de moucherons. Nous appellerons ceux-ci pucerons ailés.

Le corps des pucerons sans ailes a une forme qui approche de celle du corps des insectes qui en portent habituellement ;

de celle d'une petite mouche à laquelle on les aurait ôtées. Tous ont sur la tête deux antennes ; celles de quelques espèces sont très longues. Certains pucerons les portent devant eux ; d'autres les tiennent couchées sur leur dos, et on en voit de celles-ci qui surpassent le corps en longueur.

La plupart des espèces ont, ainsi que nous l'avons déjà dit, deux cornes plus singulières que les antennes. Ces cornes, placées à la partie postérieure, au-dessus du corps, sont sur une même ligne et assez éloignées l'une de l'autre. Elles sont beaucoup plus courtes que les antennes et plus grosses ; elles ne se plient aucunement ; elles restent toujours droites et conservent à peu près la même inclinaison entre elles, quoiqu'elles en puissent un peu varier par rapport au corps de l'insecte....

Les différentes espèces de pucerons diffèrent entre elles par la couleur. Il y en a un grand nombre de vertes, et qui ne diffèrent que par différentes nuances de vert. Il y en a de vert brun, de vert clair, de citron ; mais il y en a de noires, de blanches, de couleur de bronze, d'un brun cannelle. Dans le mois d'août, on trouve sur les rosiers des pucerons de différentes nuances de rouge pâle ; quelques-uns tirent sur la couleur de rose ; dans les mois qui précèdent, les pucerons du rosier sont verts.

Sur le sycomore et sur quelques autres arbres et plantes, où ils sont ordinairement verts, j'en ai observé de rougeâtres au mois de novembre. Ils ne tirent plus alors des feuilles qui se sèchent un suc de la couleur de celui des feuilles fraîches, et ce suc, différemment coloré, colore différemment les insectes qui s'en nourrissent.

Par où les pucerons diffèrent plus encore, c'est que la couleur des uns est mate, et celle des autres est une couleur luisante, telle que celle du vernis. Les pucerons, par exemple, du sureau ; ceux du pavot, ceux des grosses fèves de marais sont noirs ou bruns comme le sont du drap ou du velours.

Ceux des lichens, ceux des abricotiers sont souvent noirs ou
bruns, comme l'est un vernis de la Chine. D'autres paraissent
du plus beau vernis de couleur de bronze, ou tels que du
bronze extrêmement pâle, comme ceux de la tanésie, ceux
du laiteron, etc. On en voit sur les groseilliers qui sont de
couleur de nacre de perle ; la peau de ceux qui ont cet éclat,
ce luisant, est plus dure que celle des autres ; elle approche
plus de la consistance des enveloppes écailleuses ou crustacées,
et ceux-là sont en mauvais état, comme nous le verrons dans
la suite. Pour la plupart, ils ne sont que d'une seule couleur.
Il y en a pourtant de tachetés, tels sont ceux de l'absinthe,
sur lesquels le blanc et le brun sont bien mélangés. Sur
l'oseille des prés, on en trouve dont la partie antérieure et la
partie postérieure du corps sont noires et dont le milieu du
corps est vert. Ceux du bouleau et d'autres du saule sont
très joliment marquetés de vert et de noir.

.... Les pucerons vivent en société. On ne les trouve jamais
qu'en nombreuse et souvent très nombreuse compagnie ; ils
s'attachent aux feuilles et aux tiges des plantes, aux jeunes
rejetons des plantes et à leurs feuilles. Les parties des plantes
sur lesquelles ils se sont établis en sont quelquefois entièrement couvertes.... Il y a des arbres et des plantes qui en ont
beaucoup et où cependant on ne les voit point, si on ne cherche
attentivement ; ils s'y cachent de différentes manières, ainsi
que nous le verrons, quand nous nous serons étendus suffisamment sur ceux qui sont toujours très visibles.

Il n'en est pas de plus aisé à remarquer que ceux qui
s'établissent sur les jeunes pousses du sureau. Souvent elles
en sont couvertes tout autour de la circonférence, sur une
longueur de plusieurs pouces ou même d'un pied ou d'un
pied et demi ; ils y sont si proches les uns des autres, qu'ils
s'entretouchent partout ; c'est même encore trop peu dire,
car il y a quelquefois deux couches de ces insectes l'une sur
l'autre. Comme ils sont noirs ou d'un noir verdâtre, on ne

aurait manquer de les apercevoir dans des endroits où ils cachent des tiges d'un vert clair.

Si on les observe sans agiter la plante, on ne les voit pas bouger, et on peut croire qu'ils vivent dans l'inaction ; pendant ce repos apparent, ils s'occupent de ce qui peut le plus contribuer à leur accroissement : ils tirent de la plante la nourriture qui leur est convenable. Ils sont armés d'une trompe fine qu'on ne découvre bien qu'au moyen de la loupe ; mais la loupe fait voir cette trompe et son jeu singulier. J'ai ainsi observé des trompes de pucerons piquées dans des jets de chênes, de manière que les pointes étaient enfoncées bien par delà l'épiderme ; elles entraient assez avant dans l'é-corce.... Ils percent, par ce moyen, la première peau, soit des feuilles , soit des tiges auxquelles ils sont attachés, et ils en sucent une liqueur qui est l'aliment qui leur est propre.

Or, quelque fine que soit la trompe des pucerons, quand il y en a des milliers de piquées dans la tige d'une plante, contre une feuille, qui en pompent continuellement du suc, non seulement elles en tirent une quantité de suc sensible, mais elles ne sauraient manquer d'y en occasionner une dissipation considérable, dont il semble que les plantes doivent souffrir. Il en est cependant qui n'en souffrent aucunement.

Les tiges du sureau conservent leur forme et leur nuance de vert ; j'ai vu aussi des feuilles d'aloès entières, de sycomores, et de divers autres arbres et plantes qui ne paraissaient nullement souffrir des pucerons qui les couvraient. Il n'est donc pas vrai, en général, qu'ils soient la perte des arbres et des plantes, comme on l'affirme ; toutefois, il n'est que trop vrai qu'il y a certains arbres et certaines plantes, dont les feuilles soient cruellement maltraitées par eux. Celles des pêchers, des pruniers, du chèvrefeuille sont quelquefois toutes frisées et bizarrement contournées dans les parties où les pucerons se sont établis, et elles ne tardent pas à jaunir et à se dessécher,

Quantité de feuilles et même de pousses d'arbres sont sensiblement altérées par cet insecte. Le tilleul offre un exemple remarquable de ce funeste effet. Il s'établit sur cet arbre une des plus grosses espèces de ces insectes, et, soit qu'ils tirent beaucoup de suc nourricier de la partie de la jeune tige à laquelle ils s'attachent, soit que les piqûres qu'ils y font occasionnent une consommation considérable de suc nourricier, toujours est-il que la tige se courbe considérablement du côté où ils se sont fixés, et cela par la même raison qui fait qu'un bois imbibé d'eau se courbe du côté qui est le plus exposé à l'action du feu ou à celle des rayons du soleil.

Comme la tige, en croissant, tend à s'élever, et que les pucerons qui la suivent jusque dans sa plus tendre extrémité font perdre au côté contre lequel il sont appliqués beaucoup de suc nourricier, les courbures que prend successivement cette tige ne doivent pas être dans un même plan. Elles doivent faire, par la suite, différents tours arrangés comme ceux d'un tire-bouchon.

Ces contours que nos insectes font prendre à la jeune pousse semblent leur être très avantageux ; il en arrive que les feuilles qui partent de cette jeune portion de la tige sont rapprochées les unes des autres, au lieu qu'elles s'en seraient écartées ; il en arrive qu'elles forment une touffe, une espèce de bouquet, qui cache toute la tige contournée et les insectes qui y sont attachés. Ces feuilles, ainsi disposées, défendent les pucerons contre la pluie et contre le soleil ; d'ailleurs, elles les dérobent à nos yeux ; mais on n'a qu'à lever les feuilles partout où elles font de pareils bouquets, et l'on trouve les pucerons qu'elles couvrent ou les vestiges de ceux qu'elles ont couverts.

J'ai observé quelquefois des tiges de tilleul de la grosseur du pouce dont des parties faisaient plusieurs tours de spirales.

Je n'eusse certainement pas assigné la véritable cause de ce tortillement, lorsque j'ignorais encore comment les pucerons font contourner les jeunes pousses de cet arbre.

Le même fait se produit sur les groseilliers. Dans ce cas, on y voit des touffes de feuilles plus serrées les unes contre les autres qu'elles ne le sont ailleurs. J'ai vu de jeunes jets de saules sur lesquels des pucerons couleur d'ambre s'étaient établis d'un seul côté à la file les uns des autres.

.... Des pucerons d'un brun café qui s'établissent au-dessous de la feuille de poirier, les obligent assez souvent à se rouler en longueur. Les courbures que les pucerons font prendre aux feuilles d'autres arbres ou plantes sont souvent en d'autres sens et plus irrégulières que les précédentes. Quelquefois, entre les feuilles d'un même arbre également couvertes de ces insectes, les unes sont courbées en différents sens, les autres sont frisées, d'autres restent planes. Le prunier fournit des exemples de toutes ces variétés.

## II

Certains pucerons causent des altérations très considérables aux feuilles des arbres auxquelles ils s'attachent; peut-être que les piqûres que font ceux-ci sont plus profondes que celles des autres espèces; peut-être cet effet doit-il être attribué à la différence qui existe entre la tissure des tiges et des feuilles des divers végétaux.

Le pommier et le groseillier figurent dans la catégorie dont nous parlons; toutefois, une altération beaucoup plus considérable se produit sur d'autres arbres. Sur leurs feuilles s'élèvent quelquefois plusieurs vessies d'une figure à peu près ronde, et qui ne semblent y tenir que par un court pédicule.

La forme de ces vessies varie pourtant beaucoup. Il y en a qui
ont la rondeur et même la couleur d'une pomme d'api; mais
ces pommes sont des pommes creuses; communément leur
surface est inégale et raboteuse. Les petites galles se terminent
quelquefois en pointe, sont plus larges à leur base qu'ailleurs,
et ne sont pas portées par un pédicule. L'orme est un des
arbres qui ont le plus de ces vessies, aussi est-ce à celles-là
que nous allons nous arrêter.

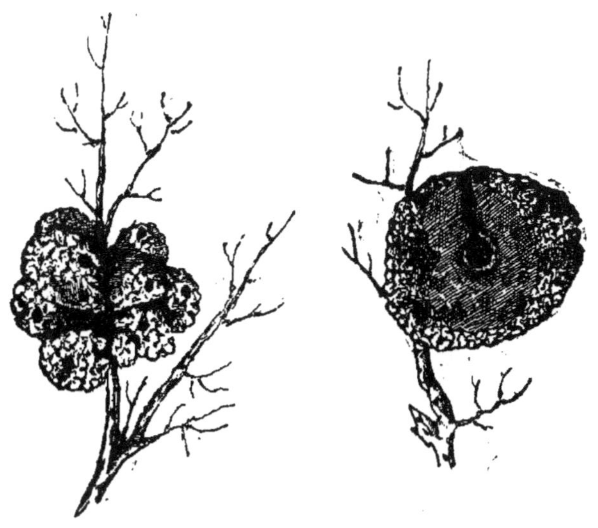

Noix de galle.

Il y a des années où ces galles deviennent communément
grosses comme des noix, et on en trouve de nombreuses qui
ont la grosseur du poing; mais il y a d'autres années où elles
égalent à peine la grosseur d'une noisette. Quand elles ont la
grosseur d'une noix commune, il n'y a plus que de légers
restes de la feuille à laquelle elles tiennent; elle a toute été
employée à former la galle, et c'est beaucoup qu'elle y ait pu
suffire. Si on ouvre ces vessies, on les trouve habitées par une
très grande quantité de pucerons.

J'ai été attentif à observer ces vessies dans le temps où elles ne faisaient que commencer ; je n'en ai pu rencontrer avant les premiers jours de juin. Je les ai prises le plus près possible de leur formation. J'en ai ouvert de naissantes dont les plus longues avaient six lignes et moins de grosseur : dans quelques-unes, je n'ai trouvé qu'un seul et unique puceron, le puceron mère ; dans d'autres, j'ai trouvé une mère avec un seul petit ; dans d'autres, j'ai observé une mère avec quatre à cinq petits ; dans d'autres vessies plus grosses, la mère était accompagnée d'une trentaine de petits. Les vessies étaient d'autant moins peuplées qu'elles étaient moins grosses. Parvenues à tout leur développement, elles comptent un nombre prodigieux de petits habitants.

Les jeunes vessies sont absolument closes de toutes parts ; l'endroit par lequel le puceron mère y est entré est absolument bouché ; ainsi, c'est à cette unique mère qu'est due la nombreuse famille qu'on y voit par la suite. C'est pour les mettre au jour et pour l'y élever qu'elle a occasionné **la production** de la vessie et qu'elle s'y est enfermée.

Le chêne est particulièrement sujet aux galles dont le développement ne nuit ni aux feuilles, ni à la branche auxquelles elles s'attachent, et dont l'aspect est à s'y méprendre celui d'un fruit, ainsi que le montrent les différents dessins que nous donnons ici.

.... Il naît et il vit sur le peuplier noir de très nombreuses familles de nos petits insectes, lesquels appartiennent à différentes espèces. Il y en a dont les galles portent ordinairement des queues ou pédicules des feuilles et quelquefois des jeunes tiges. La forme de ces vessies varie fort ; elles sont quelquefois arrondies, quelquefois oblongues et un peu recourbées d'un côté. A ces vessies que j'ai toujours trouvées très remplies de pucerons, en succèdent, quand la saison est avancée, c'est-à-dire vers la mi-septembre, d'un autre genre. Ce qu'elles ont de particulier, c'est qu'elles sont tournées en spirales, et que, pour

peu qu'on les presse, elles s'ouvrent en deux comme si elles
étaient formées de deux lames pliées en gouttières, et de plus,
tournées en vis, et que les bords d'une des gouttières eussent
été appliqués sur les bords de l'autre... Il n'est point de
galles aussi propres que celles-ci à nous montrer la mécanique

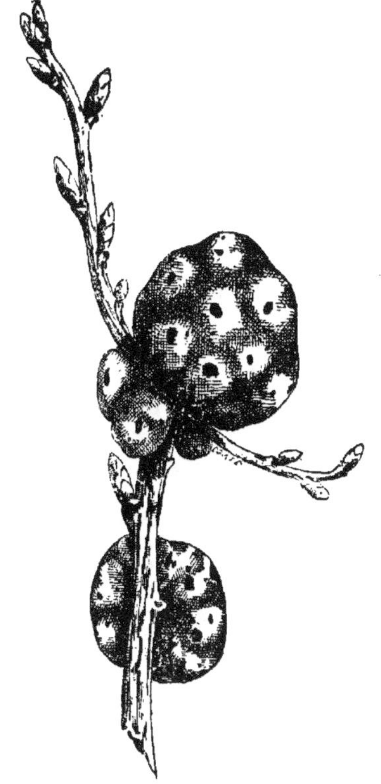

Galle du chêne.

qui fait que l'insecte se trouve renfermé dans l'habitation dont
il a occasionné la production et l'accroissement.... Qu'on examine les parties de la galle qui s'appliquent l'une contre l'autre,
et on reconnaîtra la cause de tout ce jeu. Ces deux parties sont
deux espèces de bourrelets qui ont bien plus d'épaisseur que
n'en a le reste de la galle. Les autres endroits, quoique plus

épais que la feuille, sont minces en comparaison des bourrelets entre lesquels est la fente. Les bourrelets n'ont pu tendre à croître si considérablement sans tendre à se rapprocher l'un de l'autre.

Si on imagine un pareil bourrelet circulaire sur une feuille d'orme, dans l'endroit d'où part une galle, on concevra aisément que l'insecte, s'il se tient dans sa cavité, doit se trouver bientôt renfermé dans cette galle.

Au reste, ce n'est pas sans raison que ces petits insectes se renferment avec tant de soin; d'autres, presque aussi petits qu'eux, les cherchent pour les sucer. J'en ai vu sucer, sous mes yeux, de ceux que j'avais retirés de leurs vessies, pour les obliger de s'en faire de nouvelles, par une très jeune et très petite punaise qui avait une trompe très longue et très fine.

J'ai trouvé dans l'une de ces galles un autre petit insecte rougeâtre, très vif, dont le corps était long et délié, et qui était, je crois, une punaise en nymphe. Il s'était renfermé dans la galle pour y vivre des pucerons qui devaient y naître.


# III


.... Nous avons dit que, parmi les pucerons, les uns étaient destinés à avoir des ailes. La manière dont ceux-ci se dépouillent n'a rien de particulier. Le puceron, prêt à se transformer, semble assez tranquille, seulement il s'agite un peu. Si alors, on l'observe avec la loupe, on aperçoit que sa peau se fend au haut du dos. L'insecte, en se recourbant à diverses reprises, force la fente à s'étendre en long jusqu'à l'extrémité de son corps; par cette grande ouverture, il se tire assez vite de sa vieille peau et, ce semble, assez aisément. Cette opération m'a toujours paru durer près d'un quart d'heure.

L'insecte qui vient de sortir ne paraît point encore ailé. Il n'a de chaque côté que deux petites grosseurs très blanches dont chacune se divise ensuite en deux. Ce sont les deux ailes qui commencent à se séparer l'une de l'autre. On les voit se développer, s'étendre et prendre leur forme définitive. Ainsi complètement développées, elles sont une fois aussi longues que la partie du corps qu'elles couvrent.

Galle du chêne.

L'insecte ne semble contribuer en rien à ce développement. Tout vert quand il est sorti de sa dépouille, il devient noir en moins d'une heure. Ainsi transformé en moucheron, il reste encore quelque temps sur la plante, immobile et comme étonné de la vie nouvelle qui vient de lui être donnée.... Cependant il s'essaie à marcher ; il agite doucement ses ailes... il les ouvre et prend son vol....

Beaucoup des moucherons que nous voyons dans nos jardins n'ont pas d'autre origine. Il ne faut pas les confondre avec les

cousins; leurs formes sont bien différentes, et d'ailleurs, tout
à fait inoffensifs à notre endroit, ils ne cherchent jamais à nous
piquer. Ils n'aiment pas le sang et continuent à sucer les
plantes après leur transformation comme ils le faisaient
auparavant.

.... Les espèces de pucerons que nous avons indiquées suffisent assurément pour faire voir que le nombre en est prodigieux. Encore cependant n'avons-nous vu que ceux qui vivent
sur les feuilles et sur les tiges. L'intérieur des troncs de bois
pourris, le dessous de l'écorce des arbres, les racines cachées
dans la terre ont aussi les leurs.

Nul ne sait le nombre de ces espèces ; mais il est à présumer
que ce nombre n'est pas moindre que celui des espèces qui
vivent à ciel découvert.

.... A mesure qu'on suit les productions de la nature, leur
immensité se découvre de plus en plus!....

Papillon Latreille. — Lapidoptère crépusculaire, dont la chenille
ronge les racines du chiendent.

# LES FAUX PUCERONS

N cherchant à observer les pucerons sur des feuilles d'arbres ou de plantes, on y pourra voir d'autres insectes qu'on serait disposé à confondre avec les pucerons ; ils leur ressemblent par leur grandeur ou plutôt par leur petitesse, par la tranquillité avec laquelle ils se tiennent assez constamment dans la même place, par la manière dont ils se nourrissent du suc de la plante, par la nature des excréments qu'ils rejettent et souvent par les fils cotonneux dont ils sont couverts.

Ces ressemblances m'ont déterminé à qualifier ceux-ci de *faux pucerons*, et à les faire connaître actuellement, afin qu'on sache les distinguer des véritables pucerons, dont on ne les trouve différents que lorsqu'on les étudie.

Les faux pucerons du figuier se tiennent plaqués sous la feuille de cet arbre ; leur corps est assez applati, et leurs jambes sont courtes.... Vers le 15 mai, j'en ai trouvé sous presque toutes les feuilles de mes figuiers de Charenton ; mais ils n'y étaient pas en aussi grand nombre que le sont les pucerons dans les endroits où ils s'établissent ; la feuille la mieux peuplée n'en avait guère plus d'une trentaine, et la plupart des feuilles n'en comptaient que cinq à six. Les plus gros n'avaient guère que le diamètre de la tête d'une grosse épingle.

La suite de leur histoire m'a appris qu'ils devenaient tous des insectes ailés, et il n'y en avait point parmi eux comme parmi les pucerons qui restassent sans ailes ; ni qui fussent là pour multiplier leur espèce ; tous y étaient pour croître et devenir en état de se métamorphoser. Les fourreaux sous lesquels leurs ailes sont cachées ont beaucoup d'ampleur. Ils débordent considérablement le corselet, leur contour extérieur est à peu près courbé en demi-cercle. Ces fourreaux donnent à l'insecte une forme qui a quelque chose de très singulier quand on le regarde à la loupe. Son bout antérieur a plus de diamètre que son bout postérieur, et il est presque coupé carrément, parce qu'il y a de chaque côté un des fourreaux des ailes qui s'étend jusqu'à la ligne sur laquelle est la tête. Le corps et le corselet sont d'un vert tendre et bien éloigné d'avoir le dur de celui de la feuille de fuguier. Les fourreaux des ailes sont blanchâtres; vus au microscope, ils paraissent pointillés et chargés de poils courts. Leur consistance ressemble à une espèce de parchemin.

Le faux puceron est pourvu de deux cornes coniques, posées en devant de la tête et qu'il tient ordinairement cachées; il a six jambes assez courtes attachées au corselet; sa tête, recourbée vers le ventre, se termine par une pointe fine qui paraît être l'origine de la trompe. Ce filet a à peine la grosseur d'un cheveu; il est l'instrument qui tire le suc de la plante, apparemment après l'avoir percée.

Ces insectes changent plusieurs fois de peau; la façon dont ils se dépouillent n'offre rien de particulier.

Vers la fin de mai et dans le courant de juin, les faux pucerons se transforment; chacun d'eux devient un moucheron à quatre ailes qui, malgré sa petitesse, peut être distingué de beaucoup d'autres espèces de mouches aussi petites, parce qu'il sait sauter, ce que le commun des mouches ne sait pas.

Je les mets donc dans une classe que j'appelle des *moucherons sauteurs* ou des *mouches sauteuses*, et qui est distinguée des divers insectes ailés qui sautent comme font les seuterelles, mais qui ne sont pas des mouches parce qu'ils n'ont que deux véritables ailes qui sont couvertes par des fourreaux.

.... Le buis est peuplé, pendant quelques mois de l'année, d'une autre espèce de *faux pucerons*, qui doivent être signa-

lés. Ils prennent plus de soin de se cacher que les précédents ;
mais ils n'en sont que plus aisés à trouver quand on sait une
fois les caches où ils se tiennent.

Les extrémités des nouvelles pousses du buis portent pour
l'ordinaire des feuilles plates comme sont celles du reste des
branches ; mais on peut remarquer que les feuilles de quelques
autres nouvelles pousses forment, à l'extrémité de la pousse,
une espèce de boule. Les feuilles de buis sont formées en
calottes sphériques ; deux des plus grandes feuilles forment
l'extérieur de la boule, dont l'intérieur est rempli en partie
par d'autres feuilles plus petites et contournées de la même
manière ; le centre des boules est creux.

Toutes ces boules de feuilles de buis sont ou ont été les
logements des faux pucerons que nous voulons examiner.
Quand on les développe, vers le commencement de mai, on y
trouve des faux pucerons dont le corps est aplati comme celui
des faux pucerons du figuier ; mais les fourreaux des ailes de
quelques-uns ne sont point sensibles, et ceux des autres ont
moins d'ampleur que chez les faux pucerons de l'autre espèce.

Il y a tantôt plus et tantôt moins de ces insectes dans chaque
boule. On en trouve une vingtaine dans quelques-unes, et
seulement deux ou trois dans d'autres. Les uns sont dans le
centre de la boule, et les autres, entre les feuilles, sont en
recouvrement.

Quand on défait de ces boules, on y trouve quantité de petits
grains d'un blanc un peu jaunâtre et de grosseur et de formes
différentes. Plusieurs sont à peu près sphériques et oblongs,,
gros comme des têtes d'épingles ; d'autres ont des figures
diversement contournées et se terminent souvent par une
boule. Ils ont de la consistance, mais telle pourtant qu'une
pression de doigt un peu légère suffit pour les aplatir.

Si l'on tourne un regard attentif sur les petits habitants des
boules, l'origine de ces grains n'est pas difficile à découvrir.
Chacun d'entre eux, en effet, porte à l'extrémité postérieure

de son corps une masse d'un diamètre égal à celui des grains, mais beaucoup plus longues que le corps du faux puceron, qui paraît ainsi traîner après lui un morceau de vermicelle dont la figure a été mal moulée.... Il n'y a pas à douter que ce ne soient les excréments de l'animal, mais des excréments qui n'ont rien de répugnant. Les personnes les plus délicates ne se feraient pas plus de peine d'en mettre sur leur langue que d'y mettre une espèce de gomme. J'en ai mis sur la mienne, ils s'y sont ramollis et fondus. Ils ont un goût un peu sucré et qui est agréable. C'est une espèce de manne qui n'a pas le désagrément de la manne ordinaire. Qui voudrait se donner la peine d'en ramasser, parviendrait à en avoir une quantité suffisante à divers essais. Telle boule de buis en fournirait plus gros qu'un bon pois, et les boules de buis remplies de faux pucerons sont extrêmement communes en certains endroits..

Si on s'était avisé de prendre garde à cette matière, on en aurait assurément fait quelque usage en médecine, et on l'aurait sans doute trouvée un remède excellent à quelque maladie ; mais, quoiqu'on puisse en avoir suffisamment pour des épreuves, il serait peut-être difficile d'en ramasser assez pour fournir à beaucoup de remèdes. Ce ne serait là, d'ailleurs, qu'un mince inconvénient : ces remèdes seraient d'autant plus estimés qu'ils seraient plus chers !

.... Qu'on ne confonde pas les vieilles boules de feuilles de buis, ou les boules composées de feuilles de l'année précédente, avec les boules faites des feuilles de l'année. On aurait beau chercher dans les premières, on les trouverait sans habitants, ou habitées par quelques petites araignées ou par quelques autres insectes étrangers qui s'en seraient emparés, mais jamais on n'y rencontrerait de nos faux pucerons. Au reste, ces boules sont aisées à reconnaître des autres par leur grosseur et par leur couleur.

Nos faux pucerons ont une trompe comme les précédents, avec laquelle ils aiment à percer les jeunes feuilles et à en tirer le suc. Si on se rappelle ce que nous avons dit des figures que les vrais pucerons font prendre aux feuilles qu'ils sucent, il paraîtra probable que c'est aussi le travail des faux pucerons qui oblige les feuilles de buis à se contourner en calottes, et à se réunir plusieurs ensemble pour composer les boules dont nous parlons.

.... Pendant plusieurs années de suite, j'ai tâché d'avoir la métamorphose de ces insectes sans y parvenir, et cela, soit pour avoir pris trop tôt les boules de feuilles dans lesquelles ils étaient nichés, soit pour m'être contenté de les renfermer seulement dans des poudriers de verre.

En 1733, j'eus la précaution de mettre, dans les poudriers, de la terre bien mouillée, de piquer dans cette terre des tiges de buis portant des boules pleines de faux pucerons, ou de jeter simplement de ces boules sur la terre humide, et enfin, de les cueillir seulement dans les premiers jours de mai. Les insectes trouvèrent ainsi, dans les feuilles qui conservaient leur fraîcheur, de quoi se nourrir jusqu'à leur transformation qui était prochaine, et le 14 mai, j'eus le plaisir de voir, dans le poudrier, les moucherons en lesquels ils s'étaient transformés.

Ce sont, comme ceux des faux pucerons du figuier, des moucherons sauteurs, et ils ont de même le port d'ailes en toit. Leur corps est vert, et leurs ailes sont si minces qu'elles semblent avoir la même couleur que le corps ; cependant, vues à un certain jour, elles sont un peu rousses....

Nous ne donnerons que ces deux exemples des insectes que nous avons nommés faux pucerons ; ils suffisent pour apprendre que tous les petits insectes, qui sont munis d'une trompe, avec laquelle ils sucent des feuilles sur lesquelles ils sont tranquilles, ne doivent pas être confondus avec les pucerons.

# HISTOIRE
## DES MANGEURS DE PUCERONS (1)

## I

Nous semons des grains pour en faire des récoltes qui nous fournissent celui de nos aliments qui nous est le plus nécessaire. Il semble que la nature sème des pucerons sur toutes les espèces d'arbres, d'arbustes et de plantes, pour nourrir un nombre prodigieux d'insectes de différents genres et de différentes classes.

Sans revenir aux fourmis, dont nous avons déjà indiqué le rôle à l'égard des pucerons, rôle d'autant plus tyrannique et dévastateur que la fourmi appartient à une plus grosse espèce, à celle par exemple connue sous le nom de termites, nous nous occuperons d'insectes beaucoup plus redoutables pour les pucerons, bien que moins connus.

Le présent mémoire nous donnera une idée générale de ces insectes. Nous y verrons des vers sans jambes qui, dès l'instant de leur naissance, se trouvent, par l'instinct ou par la prévoyance de leur mère, au milieu d'une grande quantité de pucerons; là, ces vers voraces, sans avoir presque aucun mouvement à se donner, trouvent de la proie; ils n'ont qu'à tourner leur tête à droite ou à l'allonger en avant pour être en état de saisir un puceron. Leurs procédés, tout cruels

(1) Ce Mémoire est le deuxième du troisième volume.

qu'ils sont, peuvent intéresser un observateur qui n'est pas trop sensible. Il y a un très grand nombre de vers de cette classe ; ils se transforment en assez grande et en assez jolies mouches à deux ailes.

D'autres destructeurs non moins féroces des pucerons, que leur ressemblance avec le *formica-leo* nous a portés à appeler *lions des pucerons,* font une guerre acharnée à ces insectes.

Ainsi que le formica-leo, nos lions des pucerons ; au lieu d'une boule comme les autres animaux, en ont deux, dont chacune est placée au bout d'une corne extrêmement fine et qui a la dureté de la corne ordinaire. Le petit lion porte ces deux cornes sur le devant de la tête ; c'est avec elles qu'il saisit, perce et suce le puceron.

Entre ces petits lions, on en verra une espèce particulière qui se font une couverture et en même temps un trophée des cadavres des pucerons qu'ils ont mangés ; ils marchent chargés de ces cadavres. Ces insectes se transforment en très jolies mouches à quatre ailes, « qui ressemblent assez à celles qui sont connues sous le nom de *libellules* ou *demoiselles,* et dont les migrations fournissent, en un autre endroit des mémoires de Réaumur, un très intéressant chapitre. » Mais revenons aux jolies mouches des petits lions.

Chacune de ces mouches va déposer ses œufs sur une feuille ou auprès d'une feuille bien peuplée de pucerons, comme si elle voulait que lorsque les petits en sortiront, ils trouvent de la proie toute prête. Ces œufs sont peut-être les plus jolis et les plus singuliers œufs d'insectes qui soient connus. On ne les a presque pris jusqu'ici que pour des plantes ou des fleurs ; chacun a pourtant la figure d'un œuf ordinaire, mais il est porté par un long pédicule qui a l'air de la tige d'une petite plante dont l'œuf semble être la sommité. Lorsqu'il est ouvert, il ressemble à une fleur.

On verra encore que c'est des pucerons que se nourrissent ces petits scarabées hémisphériques qui ressemblent à de jolies

Migration des libellules.

petites tortues, et qui sont aimés des enfants qui leur ont donné le nom de vaches-à-Dieu, de bêtes-à-Dieu, de bêtes de la Vierge, etc.... On sera étonné lorsqu'on comparera la figure longue et plate qu'ont ces vers dans leur premier âge, avec la figure de portion de sphère qu'ils ont après leur transformation.

On trouvera encore des vers plus singuliers par leur extérieur, qui dévorent journellement des pucerons. J'ai nommé ces derniers vers des *barbets blancs*, parce qu'ils sont tout couverts et hérissés de touffes blanches. Ces touffes ne sont pas composées de poils produits comme ceux des chenilles. Elles sont faites d'une espèce de coton qui transpire du corps de l'insecte et qui en transpire extrêmement vite. Nos petits barbets deviennent de petits scarabées plus aplatis que les précédents.

## II

L'histoire des pucerons nous a appris qu'il y en a tant d'espèces et si prodigieusement fécondes, qu'on doit être étonné que toutes les feuilles et toutes les tiges des plantes, des arbustes et des arbres n'en soient point couvertes ; mais lorsqu'on observe ces petits animaux, on voit bientôt ce qui les empêche de se multiplier excessivement. On trouve parmi eux d'autres insectes de plusieurs classes, de plusieurs genres, et de plusieurs espèces différentes, qui ne semblent naître que pour les dévorer, et entre lesquels il y en a de si voraces, qu'on est surpris ensuite que les pucerons, malgré leur grande fécondité, puissent les nourrir.

Ces insectes à la nourriture desquels les pucerons sont

destinés, peuvent être divisés en deux classes, en vers sans jambes et en vers qui ont des jambes. Les premiers se métamorphosent en mouches à deux ailes, et les seconds, partie en mouches à quatre ailes, et parties en scarabées.

.... Nous ne commencerons pas à considérer nos vers mangeurs de pucerons au moment de leur naissance ; nous les prendrons au temps où leurs manœuvres sont aisées à percevoir, c'est-à-dire dans l'âge de pleine vigueur, lorsqu'ils sont à peu près parvenus à leur dernier terme d'accroissement.

Leur grandeur alors, par rapport à celle des pucerons, n'est pas moindre que celle des lions par rapport à celle des plus petits quadrupèdes qu'ils dévorent.

Ces vers s'allongent et se raccourcissent à leur gré, et, selon leurs différents allongements ou raccourcissements, la forme de leur corps change. Dans leur état le plus ordinaire, la partie postérieure de leur corps est considérablement plus grosse que le reste qui diminue insensiblement de grosseur jusqu'au bout antérieur, lequel a quelquefois à peine celle d'un fil ordinaire. La partie postérieure est souvent une base fixe sur laquelle la partie antérieure se donne divers mouvements, à droite, à gauche, en haut, en bas, et cela tantôt étendue en ligne droite, tantôt en prenant diverses sinuosités. Les anneaux charnus et flexibles, dont le corps est composé, rendent aisés tous ces changements de figure (1).

Il y a de ces vers de différentes couleurs, et aussi d'espèces différentes. Ceux qu'on trouve le plus ordinairement parmi les pucerons du sureau et du chèvrefeuille sont tout verts, excepté au-dessus du dos, le long duquel ils ont une raie jaune ou blanche.

Parmi les pucerons du prunier et du groseillier, on trouve des vers dont la couleur dominante est blanchâtre avec des

_________

(1) Dans certains moments, ces vers se raccourcissent de façon que leur bout antérieur est presque aussi gros que le bout postérieur ; le contour de leur corps est alors presque ovale.

raies ondées et jaunâtres. Ces raies sont composées de taches de différentes nuances de brun et de jaune ; d'autres sont de couleur d'ambre ; d'autres de couleur de citron avec deux raies tout le long du dos de couleur marron, raies séparées par un filet noir. Ces derniers sont assez communs sur les pruniers. On en trouve enfin d'entièrement blancs. Mais ces variétés de couleur seraient peu importantes, si elles ne donnaient à ces sortes de vers une fausse ressemblance avec les chenilles, tandis que, quoique mieux colorés et pour la plupart plus gros que ceux qui naissent des œufs déposés sur la viande par des mouches, ils appartiennent à la même classe et ne vivent comme eux que de substances animales.

Si on veut voir les armes offensives avec lesquelles ils attaquent les pucerons, il faut les chercher en dessous, près du bout antérieur, et presser le ver qu'on tient entre ses doigts pour le forcer à les montrer.

Cette pression fait sortir une sorte de dard brun, de nature de corne ou d'écaille qui, à sa base, a deux autres pointes plus courtes avec lesquelles il forme une espèce de fleur de lis. On peut distinguer aussi une petite pointe écailleuse de chaque côté de l'anneau, sous lequel est placé le dard avec ses deux appendices.

C'est dans l'espace qui est entre les deux cornes ou mamelons charnus et la pointe principale ou le dard qu'est placée l'ouverture analogue à la bouche. Il n'est pas aisé de voir cette bouche qui ne s'ouvre que quand le ver le veut ; mais j'en ai vu sortir souvent une liqueur gluante, une bave mousseuse que le ver jette en certain temps. Pour faciliter la sortie de cette liqueur, il recourbait alternativement sa tête vers le ventre et la redressait.

.... Le temps où ces vers méritent le plus d'être observés est celui où ils sont occupés à chasser et à sucer des pucerons. Il n'est point dans la nature d'animal de proie qui chasse aussi à son aise. Couché sur une feuille ou sur une tige, il est environné de toutes parts des insectes dont il se nourrit ; souvent même ils le touchent de tous côtés. Il peut en prendre bien des centaines sans changer de place.

Non seulement les pauvres petits pucerons ne le fuient pas, mais on en voit même plusieurs passer à la fois sur son corps.

Pour bien voir comment ce ver attaque les pucerons et combien il est difficile à rassasier, il faut en ôter un de dessus les feuilles et le laisser jeûner pendant dix à douze heures, renfermé dans quelque boîte ou dans quelque bouteille ; après cette diète qu'on le pose n'importe sur quoi, pourvu qu'on mette des pucerons autour de lui ; dès lors toute place lui est bonne ; il se tiendra même volontiers sur la main. Bientôt il se fixe sur sa partie postérieure ; il porte le bout de sa tête ou de sa trompe le plus loin qu'il peut ; là, il tâte s'il ne rencontre point de pucerons, car il ne sait que tâter ; il ne paraît pas qu'il voie aucunement car il cherche souvent au loin des insectes pendant qu'il en a de très proches.

S'il n'a rien rencontré devant lui, il se replie à droite ou à gauche, faisant décrire successivement de chaque côté différents arcs au bout de sa partie antérieure, qui cherche continuellement s'il n'y a point de proie dans la circonférence de l'arc qu'elle décrit.... Enfin, vient-il à toucher quelque malheureux puceron, aussitôt il le saisit, il le pique avec ses trois dards et le prend à peu près comme nous prenons un morceau de viande avec la fourchette.

Le voilà qui tient sa proie. Pour entendre comment il va la manger, il faut savoir qu'il peut faire rentrer le bout de sa propre tête sous le premier anneau, et même le premier anneau sous le second ; enfin il faut savoir que cette ouverture, que nous avons appelée la bouche, a un organe propre à sucer, une espèce de trompe. Dès que le ver s'est emparé d'un puceron, il fait rentrer sa tête et son premier anneau sous le second anneau ; il tire le puceron et le force de s'enfoncer en partie dans l'ouverture de ce même anneau; le puceron s'y trouve posé comme l'est un bouchon dans le goulot d'une bouteille. Ordinairement le patient a les jambes en haut; il ne saurait échapper au ver vorace dont la force surpasse prodigieusement la sienne. Les deux petites pointes, dont une est placée sur chaque côté du second anneau, aident encore à tenir le malheureux patient qui va être sucé dans l'instant.

Tout cruel qu'est ce petit spectacle, il est très intéressant, surtout lorsque le ver mangeur est de ceux qui sont presque blancs, ou qui n'ont des couleurs foncées que sur leur dos, parce qu'alors, les anneaux de la partie antérieure du corps étant transparents, si on tient le ver au bout d'une loupe, on voit distinctement ce qui se passe dans son intérieur.

On s'arrête d'abord à considérer une petite partie de couleur brune ou presque brune, de figure oblongue, et dont la longueur peut répondre à celle qu'occupent deux ou trois anneaux; ses mouvements, pareils à ceux d'un piston, apprennent qu'elle en fait les fonctions alternativement; on la voit remonter contre le puceron et ensuite revenir en arrière. Chaque mouvement est prompt; mais entre deux mouvements, il y a un temps de repos de quelque durée. Ce petit corps n'est pourtant pas un simple piston, c'est un corps de pompe qui, chaque fois qu'il s'applique contre le puceron, se charge de matière; je dis de matière et non de pure liqueur : c'est ce qu'on ne s'attendrait pas à voir et qu'on voit très bien.

Lorsque ce petit corps, après s'être chargé, est revenu en arrière, pendant l'instant de repos ou plutôt pendant celui où il ne monte, ni ne descend, on remarque qu'il darde avec vitesse des jets dans un canal que nous appellerons l'œsophage, l'intestin ou l'estomac du ver, comme on voudra; le nom importe peu; mais ce qu'il importe de savoir, c'est que les membranes qui le composent sont extrêmement transparentes; elles laissent voir, autant qu'on peut le désirer, la matière des jets; quand le ver suce une mère, telle que celle du

surcau, chaque jet est composé de quatre à cinq grains ver-
dâtres qui sont autant d'œufs de puceron. Quelquefois les
jets ne semblent composés que de bulles d'air qui se suivent,
soit que ce soient de vraies bulles d'air ou des bulles d'une
liqueur ou matière transparente.

Ce qui est sûr, c'est que la couleur, la figure et la consistance des jets changent à trois ou quatre reprises chaque fois
qu'un puceron est sucé. Le ver tire ainsi tout ce que l'insecte
a dans le corps, jusqu'à ce qu'il l'ait desséché au point de ne
paraître plus qu'une dépouille. Alors le ver le jette, et sans
perdre un instant, il en cherche un autre, s'en empare et agit
de même.... J'ai vu manger ainsi vingt pucerons de suite, à
un même ver, en moins de vingt minutes. Il n'était pas pour
cela rassasié ; mais j'ai cessé de l'observer parce que j'étais
fatigué de voir répéter les mêmes manœuvres.... Plus de cent
pucerons, que je lui avais donnés, ont été mangés en moins de
trois heures. Il est aisé de calculer que, s'ils mangeaient sans
interruption, ils détruiraient par jour des milliers de ces petits
insectes. Par bonheur pour eux ils se reposent de temps en
temps ; toutefois ce repos n'est jamais long ; il ne m'est pas
arrivé, pour ma part, de surprendre un ver qui n'eût un
puceron au bout de sa trompe.

.... Au reste, il n'est pas d'endroits où les pucerons s'établissent, où on ne trouve quelques vers, et souvent un grand
nombre. Ils pénètrent jusque dans les vessies, dans les galles,
partout enfin où l'instinct de l'insecte lui apprend à se cacher.

.... Lorsque ces vers ont pris tout leur accroissement,
lorsque le temps où ils doivent perdre la première forme
approche, ils n'ont plus besoin de manger. Ils quittent quelquefois les tiges et les feuilles sur lesquelles ils ont crû, et
quelquefois ils s'arrêtent sur une des feuilles qu'ils ont dé-
peuplées et qui s'est courbée en se fanant ; c'est là qu'ils
se logent. Ils doivent être immobiles jusqu'à ce qu'ils soient
devenus mouches.

Pour se fixer dans l'endroit qu'il a choisi, l'insecte, qui a encore la forme du ver, a un moyen facile : il s'y colle.

Nous avons parlé d'une liqueur gluante que le ver peut faire sortir de sa bouche, et dont il est surtout fourni quand le temps de sa métamorphose approche. Si on en tient alors un dans un poudrier et qu'il se soit appliqué sur ses parois, à chaque pas qu'il y veut faire, il s'arrète quelques instants pendant lesquels sa tête se donne divers mouvements qui font sortir la liqueur mousseuse. Sans changer de place, mais en se contractant et s'allongeant à diverses reprises, il étend ensuite cette liqueur sur une surface égale à celle du dessous du corps. Il marche sur cette surface enduite et recommence plus loin le même manège. Enfin il se fixe dans une place qui lui a paru convenable, et où il dépose assez de colle pour y tenir son corps bien assujetti. Le ver, ainsi collé, change peu à peu de figure.... Au bout de quelques heures, il est enfermé dans une coque formée de sa propre peau qui s'est desséchée et durcie.... Au bout de seize à dix-sept jours, sort de cette coque une mouche à deux ailes, qu'on voit bientôt après voltiger au-dessus des fleurs, en planant, et quelquefois s'y tenir comme suspendue par le mouvement de ses ailes.

Ces mouches varient selon l'espèce du ver qui les a produites ; la plupart approchent de la grandeur, de la figure et surtout de la couleur des guêpes ordinaires, avec ce caractère particulier toutefois que leur corps est très applati.

# III

.... Les autres ennemis des pucerons, non moins redoutables que les premiers, sont des vers qui ont six jambes, comme les ont les insectes dans lesquels ils se transforment.

Entre ces vers à six jambes, les uns se transforment en mouches à quatre ailes, et ce sont ceux dont nous parlerons d'abord ; les autres se transforment en scarabées, et nous finirons par l'histoire de ces derniers.

Nous semons dans nos champs des grains qui, après s'y être multipliés, nous fournissent des aliments; il semble que la nature, ainsi que nous l'avons déjà fait observer, sème des pucerons sur les tiges et les feuilles des arbres et des plantes, pour nourrir un grand nombre d'autres insectes qui périraient apparemment de faim si les pucerons leur manquaient.

Je ne connais encore que peu de genres de ces vers à six jambes qui vivent de pucerons, et qui se métamorphosent en mouches à quatre ailes, mais qui suffisent pour faire une grande destruction de ces petits animaux.

J'appelle ces vers les *lions des pucerons* ou *les petits lions*, et cela parce qu'ils ont beaucoup de ressemblance avec le *formica-leo* ou *fourmilion (lions des fourmis)*. Nous savons déjà que ce dernier insecte porte au-devant de la tête deux cornes courbées en arc de cercle qui sont extrêmement singulières par leur usage.... Nos lions des pucerons ont de semblables cornes; mais au lieu que le *formica-leo*, qui ne peut marcher qu'à reculons, se sert de ruse pour attraper les insectes, qu'il les guette patiemment, nos petits lions, qui peuvent marcher en avant, avec asssez de vitesse, vont à la chasse.

Le corps de ces lions de pucerons est plus allongé que celui des lions de fourmis, et il est aplati. Le corselet a peu d'étendue; aussi la première des trois paires de jambes est la seule qui y soit attachée, les deux autres partent des deux premiers anneaux du corps. On les divise en trois genres, et il y a entre eux une grande variété de couleurs. Ce sont de bien autres mangeurs de pucerons que les vers sans jambes! Quand celui qu'ils ont saisi est petit, le sucer n'est pour eux que l'affaire d'un instant, et, pour si gros qu'il soit, il ne leur faut pas plus d'une demi-minute pour l'expédier; aussi croissent-ils très promptement. Quand ils naissent, ils sont extrêmement petits, et en moins de quinze jours, ils acquièrent à peu près toute la longueur à laquelle ils peuvent parvenir. Ils ne s'épargnent aucunement les uns les autres; lorsqu'un d'entre eux peut en attraper un autre entre ses cornes, il le suce aussi rapidement qu'il suce un puceron. Plus de vingt de ces lions nouveau-nés, enfermés chez moi dans une bouteille, où on ne les laissait pas manquer de proie, ont été réduits en peu de jours à trois ou quatre, lesquels avaient mangé ceux qui manquaient.

Cet insecte a à peine vécu quinze à seize jours qu'il est en état de se préparer à sa métamorphose. Il s'éloigne des pucerons et va se fixer en une place qui lui semble commode, d'ordinaire dans le pli d'une feuille. Là, il file une coque ronde, comme une boule d'une soie très blanche, de la grosseur d'un pois, dans laquelle il se renferme comme les chenilles se renferment dans les leurs. Les tours des fils qui forment cette coque sont très serrés les uns contre les autres, et ce fil étant fort par lui-même, le tissu se trouve très solide. Aussitôt que la coque est achevée, la transformation en nymphe a lieu. En été, la nymphe reste dans sa coque environ trois semaines; mais, à partir de septembre, elles y attendent l'hiver et n'e    artent qu'au printemps.

Quoique notre lion des pucerons soit assez petit, on est étonné qu'il ait pu se loger dans une coque aussi petite que celle qu'il s'est construite ; mais l'étonnement augmente lorsqu'on voit hors de cette coque et tout développé l'insecte ailé, sous la forme duquel il apparaît après sa dernière métamorphose. C'est une très jolie mouche dont le corps est fort long et rappelle celui des mouches nommées *demoiselles*.... Les ailes de cette mouche sont délicates et minces, au delà de ce qu'on peut dire. Il n'est point de gaze qui ait une transparence pareille à la leur, aussi laissent-elles voir le corps au-dessus duquel elles sont élevées, et ce corps mérite d'être vu : il est d'un vert tendre et éclatant, quelquefois il paraît avoir une teinte d'or. Leur corselet est de ce même vert ; mais ce qu'elles ont de plus brillant, ce sont deux yeux gros et saillants de couleur bronze rouge ; toutefois il n'est point de bronze ou de métal poli dont l'éclat approche du leur. Il fallait que les grandes ailes de cette mouche et toutes ses parties fussent bien plissées et repliées pour être contenues dans une coque, souvent moins grosse qu'un pois et jamais plus.

Ces mouches pondent des œufs qu'on trouve même sans les chercher et qui ne sauraient manquer de faire naître l'envie de connaître l'insecte à qui ils sont dus. J'en ai observé pendant bien des années avant de savoir qu'ils fussent des œufs.

Bien d'autres ont remarqué, comme je l'avais fait, sur des feuilles de chèvrefeuille, de prunier et de divers autres arbres et arbrisseaux, des espèces de petites tiges plantées les unes auprès des autres qui ont chacune à peine la grosseur d'un cheveu, qui sont blanches, transparentes et longues de près d'un pouce. Il y en a quelquefois dix à douze posées les unes auprès des autres. Tantôt elles pendent au-dessous de la feuille ; tantôt elles s'élèvent au-dessus ; d'autres sont dirigées presque horizontalement, et d'autres ont différentes positions moyennes entre les précédentes, ces petites tiges sont rarement bien droites, elles ont quelques courbures ; on en voit de semblables attachées contre les pédicules des feuilles et contre les branches d'où les feuilles partent. Le bout de chaque petite tige se termine par un renflement qui lui fait une petite tête un peu allongée, ayant, en un mot, la figure d'un œuf. Cette tête leur donne quelque ressemblance avec certaines moisissures qu'on rencontre sur divers corps, et on est porté à les prendre pour des plantes parasites ayant crû sur une autre plante.

Quoi qu'il en soit, ces petites tiges chargées de leur sommet m'avaient paru fort jolies, et elles l'ont paru comme à moi à des observateurs qui m'en ont quelquefois apporté pour savoir si je ne pourrais pas les instruire de ce qu'elles étaient. Il vient un temps où la sommité est ouverte par son bout ; alors elle a la figure d'une espèce de vase ou d'une fleur.

Un savant, trompé par cette apparence, a fait graver, dans les *Ephémérides des curieux de la nature*, des feuilles de sureau comme étant chargées de petites fleurs très singulières qui avaient crû dessus, et dont l'origine lui paraissait très difficile à expliquer.

Ces fleurs étaient les œufs de nos mouches du petit lion dont les vers étaient sortis. Je ne suis point étonné qu'on les ait pris pour des plantes et pour des fleurs ; je n'ai su que ces petits corps n'appartenaient pas au règne végétal, qu'après que j'ai eu suivi les vers mangeurs de pucerons.

Alors les places où je trouvais ces petits corps organisés et figurés comme des plantes et des fleurs, m'ont fait soupçonner qu'ils pouvaient bien être toute autre chose, qu'ils pouvaient être les œufs de quelques mouches de ces vers qui, avec la prévoyance que la nature a donnée aux insectes, venaient attacher leurs œufs dans des endroits où, dès que les vers en seraient éclos, ils trouveraient de la pâture. Des pucerons sans nombre couvraient quelquefois la feuille même sur laquelle étaient ces petits corps, ou celles des environs.

.... J'observai alors les sommités des petites tiges qui me parurent être réellement des œufs portés par une tige déliée, mais proportionnée à leur poids. En y regardant bien, je crus voir un ver au travers des parois de quelques-unes de ces petites coques. Pour m'en assurer, je mis, dans des poudriers couverts par-dessus, des feuilles sur lesquelles ces petits œufs étaient plantés, et il y en a eu peu d'où il ne soit sorti un insecte qui, vu à la loupe, était très reconnaissable.

.... Reste à savoir comment la mouche s'y prend pour attacher chaque œuf au bout du long pédicule qui le porte. C'est ce que je ne suis pas encore parvenu à voir, quoique plusieurs mouches de petits lions, que j'ai enfermées dans des poudriers, aient attaché contre leurs parois des œufs en tout semblables à ceux dont nous parlons ici ; mais cette opération s'est faite pendant que j'observais le travail d'autres de mes insectes.

J'en suis donc réduit aux suppositions : j'imagine une mécanique assez simple par laquelle le pédicule de l'œuf peut être formé. L'œuf serait enveloppé à un de ses bouts d'une matière visqueuse propre à être filée, l'œuf étant déposé sur la feuille par la mouche du côté enduit de cette espèce de glu, de façon à ce qu'une partie de cette glu y adhérât ; la mouche alors, sans lâcher complètement son œuf, s'éloignerait et forcerait ainsi la petite goutte de colle attachée à la feuille à s'étirer en un filet, qui, en se séchant presque instantanément, prendrait la consistance d'un gros brin de soie, capable de soutenir l'œuf quand la mouche le lâcherait.

Toujours est-il que c'est dans cet œuf que croît l'insecte qu'il renferme. Il en perce par la suite la coque et descend sur les feuilles où il trouve des pucerons qu'il n'a qu'à attaquer.

Parmi ces petits lions, il en est — et ceux-ci forment un genre à part — qui aiment, comme les teignes, à être vêtus. Leur habillement est une espèce de housse qui couvre dans toute sa longueur la partie supérieure de leur corps. Loin de les parer, cette housse les défigure. D'une épaisseur considérable par rapport au volume de l'insecte qui semble chargé d'une montagne, elle est faite d'une infinité de petits corps, les uns blancs, les autres bruns ou noirâtres, amoncelés les uns sur les autres. Ces petits corps très légers forment une espèce de duvet.... Embarrassé d'abord de savoir ce qu'était ce duvet, et où l'insecte s'en fournissait, j'eus bientôt reconnu que, comme Hercule s'était couvert et s'était fait un trophée de la peau du lion qu'il avait vaincu, de même nos petits lions se couvrent des dépouilles des pucerons qu'ils mangent, et qu'ils portent sur leur dos un véritable trophée composé de peaux, de duvet et de parties sèches des pucerons.

Il n'est pas nécessaire que je cherche à justifier nos petits lions, à prouver que des sentiments d'une vaine gloire n'entrent pour rien dans le choix des matières qu'ils emploient à se couvrir ; il est heureux pour eux que là où ils trouvent à se nourrir, ils trouvent aussi de quoi se faire l'espèce d'habillement grossier qui leur est nécessaire. Pour voir s'ils ne feraient pas usage de différentes autres matières légères, et s'ils employaient quelque art pour les faire tenir sur leur corps, j'ôtai la housse à un de ces insectes, et je le mis ainsi, dépouillé, dans un poudrier où il y avait une petite coque de soie blanche : une heure après, je trouvai le petit lion couvert en partie de la soie de cette coque qu'il avait pris la peine de briser.

Je lui ôtai sa nouvelle couverture pour l'obliger à s'en faire une autre sous mes yeux ; mais pour lui rendre l'opération plus facile, je lui préparai les matériaux. Je ratissai du papier avec un canif, je mis dans le poudrier où était l'insecte la râpure que j'avais détachée. Jamais assurément, petit lion de cette espèce n'avait eu une matière si commode et n'en avait tant eu à sa disposition, aussi se fit-il la couverture la plus épaisse, la plus complète, la plus élevée qu'ait peut-être jamais portée insecte de son espèce.

Au reste, toutes les particules de duvet ou les fragments de

corps légers dont est composée l'épaisse housse de cet insecte,
ne tiennent ensemble que par cette espèce d'entrelacement grossier qui fait que des fils de coton ordinaire forment des masses.
Le vêtement n'est assujetti sur le dos que parce qu'il s'engraine
dans les sillons qui séparent les anneaux, et dans les rugosités
qui se trouvent sur les anneaux mêmes. Il n'y a donc nul artifice dans la composition de cet habit informe ; sa construction
demande pourtant quelque adresse de la part de l'insecte, et
surtout une grande souplesse et une grande agilité dans la tête
et dans l'espèce de col ou de corselet auquel elle tient.

C'est avec ses deux cornes que l'insecte a l'adresse de prendre et de tenir, de manière qu'elles se trouvent appuyées sur
sa tête, chacune des petites masses de duvet qu'il veut faire
passer sur son dos. Si elle n'a pas été lancée jusqu'où il la
voulait, en relevant davantage sa partie antérieure et donnant
quelques contorsions à son corps, il la conduit plus loin. Mais
la facilité qu'il a d'élever et de porter sa tête jusque sur son
dos, aide ici plus que tout le reste. La tête se trouve en état
de presser les unes contre les autres au moins les masses
cotonneuses qui sont sur les premiers anneaux.

Pour donner une idée de la flexibilité de la partie à laquelle
la tête tient ; et du point auquel la tête peut se renverser en
arrière, nous dirons que quand on a posé cet insecte sur le dos,
il parvient presqu'aussitôt à se remettre sur ses jambes ; pour
cela il retourne sa tête jusqu'à ce qu'elle soit entre le dos et le
plan sur lequel le dos est posé. L'insecte est ainsi en état de
faire une culbute qui le remet dans une situation naturelle.
Cette culbute est semblable à celle que les enfants font quelquefois pour se retrouver sur leurs pieds après s'être ren-
versés en arrière.

Ce petit lion se fait une coque sphérique précisément semblable à celle des autres espèces.

# IV

.... Il nous reste à parler d'un autre genre d'ennemis des pucerons, savoir les vers à six jambes qui se transforment en scarabées assez petits. Un genre de ces derniers insectes, le plus commun, est celui que les naturalistes appellent *hémisphériques*, parce que leur corps a la forme d'une demi-sphère ou d'un segment de sphère. Ils n'ont guère plus de diamètre qu'une lentille ordinaire ou qu'un petit pois. Ils sont très jolis ; on dirait de très petites tortues couvertes d'une carapace qui a l'éclat et le brillant de l'écaille mise en œuvre et polie avec soin.

Ce sont les fourreaux des ailes de scarabées qui, bien appliqués l'un contre l'autre, paraissent former sur le corps une voûte d'écaille d'une seule pièce. La couleur de ces fourreaux des ailes est ce qui se fait le plus remarquer dans ces scarabées. Le fond de la couleur des uns est brun ; celle des autres est de différents rouges ; il y en a à fond jaune ou citron, à fond violet, etc. Sur ces fonds divers, des taches ordinairement brunes sont différemment arrangées, et elles le sont souvent d'une manière très agréable.

Si on regarde ces variétés de couleur et de distribution comme des caractères suffisants pour déterminer les espèces, on trouve un bien grand nombre d'espèces de ces petits scarabées, sans compter les différences de grandeur et plusieurs particularités que nous ne nous arrêterons pas à détailler.

En général, tous ces scarabées plaisent infiniment aux enfants

qui les prennent volontiers et se plaisent à les caresser d'abord,
et ensuite à les faire envoler.

Il y a apparence que ce sont eux qui leur ont donné les noms
charmants qu'ils portent en différents pays, et parmi lesquels
celui de *bête-à-Dieu* est le plus répandu.

Les vers, sous la forme desquels les petits scarabées sphériques croissent, ne ressemblent à rien moins qu'à une portion
de sphère. Leur corps est plat, je veux dire qu'il a bien plus
de largeur que d'épaisseur ; sa partie postérieure se termine
presque en pointe, et de la jusqu'assez près de la tête, il va en
s'élargissant. Le dessus du corps est tout sillonné et raboteux.
La tête est armée de deux dents ou crochets. Les attaches des
six jambes sont assez proches de la tête. Ces jambes sont écailleuses, et elles ont une petite particularité propre à faire distinguer de beaucoup d'autres vers assez semblables, ceux qui
se doivent transformer en scarabées hémisphériques ; chacune
d'elles est recourbée en arc, dont le plan se trouve dans celui
d'un anneau, et dont la convexité est en dehors du corps.

Comme entre ces vers, il y en a qui doivent donner des scarabées de différentes couleurs, ils varient aussi eux-mêmes sous
ce rapport. Il y en a de blanchâtres, de noirs, de bruns et de
gris-bruns. Parmi les gris, beaucoup ont sur le dos quatre ou
six taches jaunâtres. C'est en général de ceux-ci que viennent
les scarabées hémisphériques dont les fourreaux sont d'un
rouge un peu brun, et sur chacun desquels il y a quelques
taches noires.

Ces vers marchent sur les arbres et sur les plantes jusqu'à
ce qu'ils trouvent quelque endroit habité par les pucerons. Là,
ils se comportent comme le loup dans la bergerie ; ils ne tuent
pourtant que ceux qu'ils mangent.

Quand ils ont acquis toute leur grandeur, ils se collent contre
quelque feuille, se dépouillent et se transforment en une
nymphe dont la figure est déjà plus raccourcie que n'était celle
du ver.,... Après quatorze ou quinze jours, cette nymphe se

transforme dans le scarabée que nous avons déjà dépeint, et sur lequel nous donnerons tous les détails convenables lorsque nous nous occuperons de l'histoire générale des scarabées.


# V


Nous voici arrivés au plus singulier, par sa figure, des vers mangeurs de pucerons. C'est celui que je nomme le *hérisson blanc* ou *barbet blanc*. Tout son corps est couvert et hérissé de certaines touffes très blanches, oblongues et arrangées comme les piquants du porc-épic.

L'insecte, avec tous ces piquants, a à peu près la grosseur d'une assez grande mouche, à qui on aurait ôté les ailes, et sans ces mêmes piquants son volume se réduirait à celui du corps d'une très petite mouche. Si je me suis servi du nom de piquants, ce n'a été que pour donner une idée grossière de la disposition et de la figure des petits corps dont cet insecte est hérissé; d'ailleurs, il ne leur convient point du tout; mais on aura peine à leur en trouver un convenable, parce que les autres animaux, excepté peut-être quelques pucerons, ne nous fournissent rien d'analogue.

Ces petits corps n'ont ni la dureté des piquants ni même la consistance des poils. Leur surface n'est nullement lisse et polie, leur tissure n'est nullement serrée, ni même bien continue comme l'est celle des poils.

Il n'y a rien à qui ils paraissent plus ressembler qu'à un fil de coton de grosseur médiocre, ils en ont toute la blancheur; ils sont de même moelleux, spongieux; il ne leur manque pour parfaite ressemblance que le tortillement qui, dans le fil de coton, réunit plusieurs brins ensemble. Aussi ne sais-je actuellement pas de noms plus propres à leur donner que ceux de filets cotonneux, ou de touffes cotonneuses, ou de pinceaux cotonneux.

Toutes ces petites touffes cotonneuses sont rangées avec symétrie sur six lignes, autant parallèles que le permet la figure du dessus du corps de l'insecte. Ceux de chaque ligne sont posés sur la circonférence qui embrasse tout le dessus du corps du ver, et chaque touffe a, à sa base, pour diamètre en ce sens, environ la sixième partie de cette portion d'anneau.

Chacune de ces touffes, étant posée sur une surface convexe, s'écarte un peu des autres en s'élevant, parce qu'elles sont toutes à peu près perpendiculaires à cette surface; ainsi elles ne s'entre-touchent qu'à leur base, encore ne sont-ce que celles du même anneau à qui cela arrive; car leurs bases ne s'étendent pas jusqu'au fond des sillons, des rides qui marquent la séparation des anneaux. Dans toute leur longueur, elles ont à peu près un égal diamètre; quelquefois pourtant elles ont un peu plus à la base qu'ailleurs, et leur bout forme une pointe mince ou arrondie.

Il y a de ces insectes dont les touffes sont beaucoup plus longues que celles des autres; celles qui sont les plus longues ne s'élèvent pas en lignes droites, elles se recourbent un peu en crochet en approchant de leur bout supérieur.

La courbure d'une partie de ces crochets est tournée vers la queue; les crochets de celles qui sont sur les deux lignes longitudinales les plus proches du ventre, sont un peu tournés en dehors de l'insecte; enfin les crochets des touffes de l'anneau le plus proche de la tête, sont tournés du côté de la tête. Ces dispositions donnent à cet insecte l'air de ces barbets à qui des touffes de poils tombent sur les yeux.

Il y a des circonstances dont nous ferons bientôt mention, où les figures de ces touffes sont tout à fait différentes de celles que nous venons de décrire. Au reste, chaque touffe a des inégalités, leur diamètre varie quelquefois avec irrégularité; leur

surface n'est rien moins que lisse et unie. Elle paraît raboteuse
à la vue simple, et bien davantage lorsqu'on les observe à la
loupe.... Vient-on à les toucher, on leur sent la douceur du
coton ; mais si, lorsqu'on les touche, on appuie tant soit peu le
doigt sur le corps de l'insecte, et qu'on fasse ensuite glisser le
doigt légèrement, on voit avec surprise — du moins est-ce
avec surprise que je l'ai vu la première fois — qu'on emporte
toutes les petites touffes sur lesquelles le doigt s'est appliqué.

Toute la partie du corps qui a été frottée, quoiqu'on l'ait
frottée le plus doucement qu'il a été possible, est à découvert;
ses touffes lui ont été enlevées.

Passant ainsi le doigt successivement sur le dos de l'insecte,
on le met entièrement à nu ; il n'est plus couvert que d'une
peau molle, de couleur verte. Il semble qu'il ait été transformé, tant il paraît d'une figure différente de celle que lui
donnaient les touffes cotonneuses ; celles qui sont restées sur
le doigt y forment des traînées de petits grains blancs, doux et
mous au toucher ; car les petites touffes perdent elles-mêmes
leur forme, et font voir qu'elles ne sont chacune qu'un assemblage de grains cotonneux.

Lorsque je fis pour la première fois l'observation dont je
viens de parler, je connaissais le duvet cotonneux des pucerons;
j'étais même encore préoccupé des tentatives que j'avais faites
pour découvrir la production d'une matière qui m'avait paru
très singulière. Aucune de ces tentatives ne m'avait pleinement
satisfait; toutes cependant avaient semblé concourir à me
prouver qu'il n'en fallait pas confondre l'origine avec celle de
la soie que tant d'espèces d'insectes savent tirer de leur corps,
que les pucerons ne savaient nullement filer leur coton, et qu'il
y avait grande apparence que ce coton n'était autre chose
qu'une matière qui s'échappait de divers endroits de leur corps
par une espèce de transpiration insensible ; j'avais eu peine à
me rendre à cette idée, qui me faisait voir des fils sur le corps
d'un insecte, produits d'une façon dont nous n'avions point

encore d'exemple. Or, les touffes cotonneuses, dont est couvert notre barbet ou hérisson blanc, me parurent précisément
de même nature que la matière cotonneuse du puceron, et j'es-
pérai que cet insecte m'instruirait mieux sur la production
de cette matière que ne l'avaient fait les pucerons, en comparaison desquels il est un gros animal, ce qui rendait les observations plus faciles et plus sûres.

D'ailleurs, puisque ces vers pouvaient perdre si aisément
leurs paquets de duvet, c'était apparamment qu'ils avaient des
ressources pour réparer promptement cette perte...

Dans l'espérance donc de voir la reproduction de ces touffes,
je dépouillai plusieurs de nos petits barbets de leur enveloppe
cotonneuse, et quand ils furent entièrement à nu, j'en mis
quelques-uns dans un poudrier avec des pucerons, afin qu'ils
ne manquassent point de nourriture; quelques autres furent
enfermés seuls dans des gobelets de verre bien transparent.

Les premiers commencèrent aussitôt leur chasse aux pucerons, et les sucèrent aussi prestement qu'à l'état libre ; les
seconds firent une diète forcée.

Je les observais les uns et les autres de demi-heure en demi-
heure. Dès que la première demi-heure fut passée, leur corps
ne me parut plus avoir la même nuance de vert qu'au moment
où je les avais dépouillés; ils étaient comme légèrement pou-
drés de blanc.

Deux heures s'étaient à peine écoulées, que les nouvelles
touffes étaient très sensibles; après cinq à six heures, celles de
plusieurs vers avaient plus de la moitié de la longueur de celles
que je leur avais retirées, et dans dix ou douze heures, les
nouvelles touffes ne le cédaient guère aux anciennes, ni en
hauteur, ni en grosseur.

Les touffes naissantes diffèrent de celles qui sont parvenues
à tout leur développement. La base de chacune des premières
est un rectangle renfermé par de petits arcs, tels que la forme,
la courbure des anneaux sur lesquels elle est posée. Les bases

des différentes touffes ne s'entre-touchent point alors, et on aperçoit entre elles de petites portions vertes du corps de l'insecte ; en s'élevant, elles s'élargissent ; elles forment une houppe à quatre faces qui est une portion d'une pyramide renversée. A mesure qu'elles croissent davantage, elles perdent cettte figure ; leurs bases s'étendent de façon qu'elles se touchent ou paraissent se toucher partout. Leur figure pyramidale à faces pleines se changent en celles que nous avons décrites ci-dessus, qui approche plus de la cylindrique que de la pyramidale ; les angles disparaissent, la touffe devient un peu plus déliée à son bout supérieur qu'à sa base, et ce bout se recourbe.

.... Portons maintenant notre attention sur la reproduction de ces touffes et sur la rapidité avec laquelle s'accomplit cette reproduction.

Lorsqu'on a dépouillé entièrement un de ces petits insectes, si on observe le dessus de son corps avec une loupe un peu forte, on aperçoit sur les anneaux de petites cavités distribuées dans le même ordre, dans lequel ces touffes l'étaient, et dans lequel elles le seront si on les laisse revenir. La peau qui recouvre ces endroits est un peu plus creuse que le reste ; là doivent être les canaux excrétoires, les petites filières d'où sort la matière cotonneuse. On est d'abord incertain si chaque houppe n'est qu'un amas de petits grains posés les uns sur les autres, ou si elle est un assemblage d'un nombre prodigieux de fils déliés. Dans les touffes naissantes, on démêle ces fils formant des paquets semblables à de petites brosses.... A quoi comparerons-nous ces touffes de fils ? Les regarderons-nous comme faites de poils semblables à ceux qui couvrent tant d'espèces d'animaux ?.... Leur usage, il est vrai, est le même que celui des poils ; mais sont-ils produits de la même manière ? Ils ne le sont pas du moins comme ceux des chenilles. Nous n'avons aucun exemple d'une production de poils aussi subite.... La matière de nos touffes ne paraît d'ailleurs avoir aucune ressemblance avec celle du poil, et, par sa formation, elle se rapproche davantage des fils de soie. Il y a tant de filières différentes sur un mamelon d'araignée, et ces filières sont si petites dans une araignée naissante que la petitesse des filières, où se moule la matière des touffes de nos petits barbets, ne saurait nous étonner.

D'ailleurs les filières dont est rempli le dessus du corps de nos petits barbets ne ressemble à celles des araignées et des chenilles, que parce qu'une matière s'y moule ; mais ce n'est pas apparemment au gré de l'insecte qu'elle vient s'y mouler, comme la matière à soie se moule dans les filières des insectes qui filent. Celles de nos petits barbets ne sont apparemment que des espèces de vaisseaux excrétoires auxquels une certaine matière est apportée, dans lesquels elle est poussée, par lesquels elle s'échappe, et au-dessus desquels elle s'élève et s'amoncelle, soit que l'insecte le veuille ou qu'il ne le veuille pas.

La matière propre à devenir cotonneuse est apportée aux filières par des vaisseaux ; celle qui y arrive force celle qui y était contenue à en sortir pour lui céder la place.... Cette matière est la même que celle que nous avons rencontrée sur quantité d'espèces de pucerons, et il n'est pas douteux qu'elle se produise, sur ceux-ci, exactement de la même manière que sur les barbets.

.... C'est surtout sur des feuilles de prunier peuplées de pucerons que j'ai trouvé nos petits barbets blancs, et cela dans les mois de juin et de juillet. Cet insecte se transforme en une nymphe peu différente de celle des scarabées hémisphériques. Après qu'il est resté environ trois semaines d'été sous cette forme, il la quitte pour prendre celle de scarabée.

# HISTOIRE DES ABEILLES

## I

Pour concevoir beaucoup d'admiration pour les abeilles, il suffit de se trouver dans un jardin près des ruches qui y sont placées. On ne s'accoutume point à regarder sans surprise ces habitations remplies par un petit peuple si actif, si laborieux ; remplies par un nombre d'habitants qui surpasse le nombre de ceux d'une grande ville.

Si, dans les belles heures du jour, on fixe ses regards sur les dehors d'une de ces ruches, on voit autour des ouvertures qui donnent entrée dans son intérieur, un concours de mouches plus grand que celui que nous pourrions voir dans les lieux les plus fréquentés.

Les unes arrivent de la campagne chargées de vivres et de matériaux, pendant que d'autres prennent l'essor pour aller faire des récoltes semblables à celles que les premières rapportent. On en voit de celles-ci qui n'attendent pas d'être rentrées dans la ruche pour faire part à d'autres mouches du miel qu'elles ont recueilli ou de la matière propre à devenir cire qu'elles ont amassée.

Dans tel instant on n'en verra plus sortir aucune ; celles qui sont dehors arrivent en foule ; les portes ne suffisent pas pour laisser passer toutes celles qui s'y présentent. Qu'on regarde en l'air, et on sera bientôt au fait de la cause qui les déter-

mine à revenir chez elles. On verra quelque nuée noire, de
celles qui, dès qu'elles sont arrivées sur notre tête, y laissent
tomber la pluie. Soit que les abeilles jugent comme nous de
cette nuée par leurs yeux, soit qu'elles soient instruites de
leur approche par quelque autre sens dont nous n'avons aucune
idée, elles savent ordinairement se mettre à l'abri. Il n'y a
que les faibles et celles qui se sont aventurées très au loin
qui se laissent surprendre par une grande pluie.

.... Les abords d'une ruche fournissent une foule de sujets
d'observations. Assez souvent les yeux des spectateurs sont
frappés par quelque mouche qui emploie toutes ses forces
pour entraîner une morte hors de la ruche et la conduire au
loin ; d'autres fois il en voit une partir et s'envoler avec assez
de légèreté quoique chargée d'une masse dont le volume égale
à peu près le sien, qu'elle va déposer à une distance de plusieurs pas. Si on examine cette masse dans l'endroit où elle
a été laissée, on trouvera le cadavre d'une autre abeille.

L'observateur cependant ne sera pas disposé à croire avec
les auteurs qui prodiguent à ces mouches toutes les vertus
morales, que ce soit là une action de charité, lorsqu'il verra
d'autres abeilles entraîner hors de la ruche, et avec autant de
peine, des ordures de différentes espèces.

Ce qui lui paraîtra certain, c'est que ces industrieux insectes aiment la propreté, et font ce qui dépend d'eux pour
tenir leur logement net. On les voit de même, en certain
temps, transporter hors de la ruche des nymphes très blanches
et de jeunes mouches à peine transformées.

Des combats, mais qui ne vont pas toujours à mort, sont
assez fréquents auprès de l'entrée de la ruche ; et il y a des
temps où il s'y en livre de plus sanglants. Serait-ce aussi par
charité qu'elles s'entretueraient? Serait-ce par un motif semblable à celui qui détermine certains peuples sauvages à ôter
aux vieillards un reste de vie qu'ils ne pourraient passer que
dans la souffrance et dans la misère ?

Les mêmes utopistes le veulent, et ils prétendent que les mouches jeunes et vigoureuses tuent celles qui sont vieilles et usées par le travail.

Tous ces détails peuvent être observés sans aucun risque,

Ruches.

si on a la constance de laisser bourdonner autour de ses oreilles, même autour de son visage, les mouches que le hasard y conduit. Qu'on se tienne tranquille, et on ne sera pas piqué, surtout si les ruches auprès desquelles on est, sont dans des

11

endroits souvent fréquentés par des hommes, car les abeilles s'apprivoisent avec eux.

.... Mais l'intérêt redouble quand, ne s'arrêtant pas à considérer le dehors d'une ruche, on peut faire pénétrer son regard dans un de ces ateliers où se font la cire et le miel.

C'est alors qu'on ne peut s'étonner assez du nombre des petites ouvrières qui y sont occupées, qu'on ne se lasse point d'admirer ces gâteaux ou rayons composés d'un nombre prodigieux de cellules ou alvéoles, qui sont autant de petits vases destinés à contenir le miel et qui ont encore bien d'autres usages.

Ces milliers d'abeilles occupées à des **travaux** différents, donnent un grand spectacle. On considère même avec plaisir des masses ou des groupes d'abeilles qui, en prenant le repos qui leur est devenu nécessaire, se mettent en état de recommencer leurs travaux. Les arrangements des abeilles tranquilles qui forment ces groupes sont de différentes figures et souvent très singulières.

D'autres mouches, rassemblées en moindre quantité, forment des chaînes dont tous les chaînons sont animés. Souvent ces espèces de chaînes sont disposées en manière de guirlandes. Chaque abeille est accrochée, par ses deux jambes antérieures, ou seulement par une, à l'une des jambes ou aux deux jambes postérieures de celle qui la précède. Ainsi la première est chargée du poids de toutes celles qui se trouvent jusqu'à l'endroit le plus bas de la guirlande.

Les groupes ne sont pour ainsi dire qu'un assemblage de chaînes mises les unes auprès des autres; je veux dire que les mouches qui forment les plus gros massifs, les plus grosses grappes, sont accrochées les unes aux autres par les jambes qui donnent des prises plus commodes que le corps et que les autres parties.

Il faudrait être né sans aucun esprit de curiosité, avoir l'indifférence la plus parfaite pour toutes connaissances, pour ne pas désirer savoir comment des mouches, si peu remarquables par leur forme, peuvent parvenir à exécuter des travaux si singuliers !

Elles doivent savoir des arts que nous ignorons absolument ; celui de faire du miel et celui de faire de la cire. Enfin l'art de mettre cette cire en œuvre, comme elles l'y mettent, est bien au-dessus de ce qu'on peut attendre de l'adresse humaine,

Dans tant de mouches réunies et qui travaillent pour une même fin, on croit voir en petit ce que la raison a fait de plus grand et de plus utile pour nous : une société qui, comme celle de nos républiques ou de nos monarchies, est gouvernée par des lois. Aussi y a-t-il longtemps qu'on a donné les abeilles comme le modèle d'un gouvernement monarchique.


# II


Mais quelles sont leurs lois ? En ont-elles réellement ? Enfin comment ce petit peuple se perpétue-t-il ?

C'est ce que leur histoire doit nous apprendre, ou sur quoi au moins elle doit nous donner bien des connaissances.

Les ruches ordinaires dans lesquelles on tient les abeilles sont de différentes figures et de différentes matières selon les pays.... Les unes ne sont qu'un tronc d'arbre creux ; d'autres sont faites de quatre planches égales qui forment une espèce de boîte longue posée sur un de ses bouts, et dont le supérieur est couvert. Le plus grand nombre des ruches tient de la figure d'une cloche ou de celle d'un cône. Ce sont des espèces de panier, et on leur en donne le nom.

Les uns sont faits d'osier ou de quelque autre espèce de bois liant, et d'autres sont faits de paille tressée. Ces logements simples suffisent à nos mouches, et les gens de la campagne qui ne veulent que tirer du profit de leurs travaux, sont forts contents de ce que de tels logements leur conviennent.

Mais le désir de suivre ces mouches dans toutes leurs opérations a fait regretter à des hommes d'une autre trempe, que les parois des ruches ordinaires ne permissent pas de voir ce qui se passait dans l'intérieur.... C'est ainsi qu'on a été amené à construire des ruches vitrées....

Ces ruches de verre permettent de considérer à travers leurs carreaux les abeilles, à toutes les heures du jour et dans toutes les saisons de l'année, sans les troubler et les inquiéter. La ruche étant placée sous un petit toit et étant entourée de bancs de tous côtés, excepté de celui où sont les ouvertures qui permettent aux mouches d'entrer et de sortir, l'observateur assis sur un de ces bancs peut, sans aucune incommodité, jouir d'un spectacle extrêmement amusant et infiniment varié.

Des abeilles s'occupent avec une activité surprenante, en différents endroits, à différents travaux. Le spectateur se met bien vite au fait de la disposition de l'intérieur de la ruche. Il voit qu'il y en a une grande partie remplie par des gâteaux de cire posés à peu près parallèlement les uns aux autres, et qui partent du sommet de cette ruche ou des environs, autant que la figure de la ruche le permet.

Il lui est aisé d'apercevoir que les gâteaux ne se touchent point ; qu'entre deux gâteaux, il reste un espace au moins assez large pour que deux abeilles y puissent passer à la fois. Ce sont les rues ou même, si l'on veut, les places publiques que les abeilles ont réservées pour pouvoir faire usage de toutes les cellules de chaque gâteau.

Outre ces grandes rues, on en remarque de beaucoup plus

petites qu'on appellera peut-être plus volontiers des portes ;
ce sont des ouvertures ménagées dans chaque gâteau, et qui le
traversent. Ces portes abrègent beaucoup le chemin que les
abeilles ont à faire lorsque, étant entre deux gâteaux, elles
veulent passer entre d'autres gâteaux ou se rendre dans
des endroits de la ruche où elles n'ont pas encore travaillé.

.... La disposition de ces rues varie dans les différentes
ruches, comme elle varie dans nos différentes villes. Les mouches
ne sont donc point astreintes à une trop grande régularité,
mais elles s'accommodent aux circonstances.

.... On croit communément que les cellules des gâteaux
sont des logements que les abeilles se sont construits, que
chacune a le sien, et cela parce qu'on observe en certains
temps des cellules dans chacune desquelles une abeille est
entrée la tête la première et se tient tranquille. Pour peu
que l'on observe cependant, on reconnaît que le principal usage
des cellules n'est pas de donner des logements aux abeilles.
On voit un grand nombre de cellules remplies de miel, on en
voit qui sont bouchées par un couvercle de cire. D'autres, qui
sont ouvertes, ont chacune un verre plus ou moins gros, et on
reconnaît aisément que ces vers ne sont pas indifférents aux
abeilles. On voit, en effet, de ces mouches qui semblent
chargées du soin de surveiller l'état des vers dans ces cellules.

L'abeille fait entrer sa tête dans la cellule qui a un de ces
vers ; elle l'en retire sur-le-champ pour la faire entrer dans une
autre, et successivement elle en visite ainsi plusieurs....

« Après une assez longue dissertation sur les défauts de
construction de la plupart des ruches vitrées, Réaumur passe
à la description de l'appareil imaginé par lui. »

J'ai fait, dit-il, donner une figure pyramidale à base rec-
tangulaire aux ruches de bois que je voulais vitrer, et je les
ai fait construire de manière qu'elles pouvaient se diviser en
trois parties à peu près égales en hauteur, et qui, mises les
unes sur les autres, forment la pyramide complète. La ruche

entière est ainsi composée de trois étages. Chaque étage supérieur a, à chacune de ses larges faces, un carreau de verre monté dans un châssis de bois, et chaque châssis peut être tiré de place et y être remis à volonté. L'étage inférieur, comme beaucoup plus large que les autres, a à chaque grande face deux châssis ou, ce qui revient au même, deux carreaux de verre. Enfin des volets de bois attachés à chaque montant de la ruche servent à fermer les fenêtres de verre, de manière à empêcher le froid et les rayons du soleil de pénétrer trop aisément dans la ruche.

Comme les mouches cherchent toujours à faire de larges gâteaux, elles disposent d'ordinaire les leurs parallèlement aux deux grandes faces de la ruche ; ainsi on ne perd presque rien à n'avoir point de verres sur les deux petites faces,

Abeille.

et les mouches y gagnent : il leur est plus commode de pouvoir monter et descendre le long du bois que sur le verre (1).

La pyramide est terminée par une boule ou par quelque autre ornement, dont je ne dirais rien s'il ne servait précisément qu'à l'orner. J'en parle parce qu'il sert à boucher un trou qu'on a eu soin de réserver au haut de la pointe tronquée de la pyramide. Dans ce trou passe une tige cylindrique ou boulon qui fait corps avec la boule, et dont la grosseur est telle qu'elle ne remplisse pas exactement le trou, lequel est fermé seulement par la base de la boule.

(1) Nonobstant cet inconvénient, Réaumur nous apprend plus loin que, pour beaucoup de ses observations et expériences, il se servait de ruches vitrées aux quatre faces, mais dans lesquelles, ajoute-t-il « on ne pourrait élever des abeilles avec profit. »

.... Quand, au travers des carreaux d'une ruche vitrée, on examine ce qui se passe à l'intérieur, on n'y voit pendant la plus grande partie de l'année que des mouches qui diffèrent peu entre elles en grandeur et en couleur, et qui, dans le reste, sont parfaitement semblables; en un mot, on n'y voit que de ces mouches auxquelles on a donné le nom d'abeilles. Mais il y a des temps où, parmi celles-ci on en voit d'autres qui sont sensiblement plus grandes, qui ont proportionnellement à leur grandeur une tête plus grosse et plus ronde que les abeilles, et entre lesquelles et les abeilles ordinaires il y a encore des différences essentielles que le premier coup d'œil ne découvre pas.

Ces grosses mouches sont celles que les anciens appelaient

Faux-bourdon.

*fuci* et qu'on a nommées *bourdons* en français, apparemment parce que leur vol produit un bourdonnement plus plein et plus fort que celui que produit le vol des abeilles ordinaires. Malgré ce nom dont elles sont en possession, nous les appellerons des *faux-bourdons*, afin d'éviter les équivoques que pourrait causer le mot bourdon, lequel est propre à un genre particulier de mouches à miel.

Ces faux-bourdons sont les mâles. Leur nombre est bien inférieur à celui des abeilles ordinaires, et leur présence dans la ruche est de courte durée.

Chaque ruche enfin possède une seule et unique mouche qui semble avoir une prééminence sur les autres et qu'on nomme la *reine*. C'est à la reine que toutes les nouvelles abeilles qui naissent dans une ruche, doivent leur existence.

.... Elle est aisée à distinguer par la forme de son corps.
Elle est plus longue, mais moins grosse que les faux-bourdons ;
ses ailes sont très courtes proportionnellement à la longueur
de son corps.... On ne saurait, en un mot, la voir sans la
reconnaître, tant sa figure diffère de celle des autres mouches....
Toute la difficulté est de la voir, et cette difficulté est telle
que parmi ceux qui, à la campagne, élèvent des abeilles, il y
en a beaucoup à qui il n'est jamais arrivé d'en voir. Moi-
même, et malgré mes ruches vitrées, je suis resté fort longtemps avant d'en pouvoir observer une.

Pour cela je dus recourir à une expérience que j'appellerai
vraiment fondamentale pour l'observation des abeilles : je
divisai en deux un essaim.

Je n'ai pas besoin de définir ce que c'est qu'un essaim
d'abeilles. Personne n'ignore qu'il vient un temps où les
mouches, s'étant beaucoup multipliées dans une ruche et s'y
trouvant à l'étroit, prennent le parti de se partager. Quand
cette résolution a été prise, en moins d'une minute une grande
partie des mouches de la ruche prend l'essor pour aller chercher ailleurs une nouvelle habitation. Elles vont assez généralement s'attacher à une branche d'arbre, et là, cramponnées
les unes aux autres, elles forment un de ces massifs ou
grappes dont nous avons parlé..... Cet essaim est toujours
conduit par un chef, c'est-à-dire par une reine ou mère-
abeille.

.... J'eus la pensée de partager un essaim en deux. Celui
sur lequel je fis cette expérience n'était pas des plus forts,
c'est-à-dire de ceux qui sont composés d'un très grand nombre
de mouches.

Il s'était attaché assez bas contre une branche de pommier
en buisson. Je fis apporter deux ruches au pied de l'arbre, et
mon jardinier, de sa main couverte d'un gant, fit tomber dans
la plus petite de ces ruches environ la cinquième ou la sixième
partie des mouches de l'essaim prises dans celles qui formaient

la partie inférieure du groupe. Le reste des abeilles fut mis dans la seconde ruche.

Si cet essaim avait une mère, et s'il n'en avait qu'une comme on le prétend, cette mère devait se trouver dans l'une de nos ruches, et l'autre n'en devait pas avoir. Mon expérience était donc propre à me faire voir la différence qui existe entre un essaim qui a une reine et un essaim qui n'en a pas.

Je ne fus pas longtemps à apprendre qu'il y en avait une dans la petite ruche ; je ne fus pas longtemps sans l'y voir, et il me fut bien prouvé, dans la suite, que l'autre ruche, où je ne pus tout d'abord découvrir une reine, n'en avait réellement pas.

Après avoir regardé pendant moins d'un demi quart-d'heure

Reine.

à travers la vitre de la petite ruche, après que la grande agitation des abeilles qu'on venait d'y enfermer se fut calmée, je parvins enfin, pour la première fois de ma vie, à voir une mère-abeille.

Elle marchait au fond de la ruche, et je fus dédommagé de ma longue attente en la pouvant examiner tout à mon aise.

Dans les premiers moments, je fus fort tenté de croire que tout ce qui a été dit de la cour que les autres abeilles font à la mère, du cortège dont elle est accompagnée, avait été imaginé plutôt qu'observé.

Elle était seule, marchant d'un pas peut-être un peu plus lent que les autres abeilles, et que quelques amis, qui étaient avec moi, appelèrent une démarche grave. Elle arriva, toujours seule, à un des carreaux de la ruche, le long duquel elle monta pour se rendre dans un des gros pelotons de mouches qui s'étaient formés à la partie supérieure. Peu de temps après, elle reparut encore, et toujours délaissée, sur le fond de la ruche. Elle monta une seconde fois, et après avoir été dérobée quelques instants à mes yeux par un gros de mouches, elle revint de nouveau sur le fond de la ruche ; mais, à cette troisième fois, douze à quinze abeilles se rangèrent autour d'elle et semblèrent s'y ranger pour lui faire cortège.

Je me rendis compte aussitôt de ce qui avait pu se passer : dans les premiers instants d'un grand trouble et d'une grande confusion, on ne songe guère qu'à soi. Si on se trouvait dans une grande salle d'assemblée qui fut renversée subitement sens dessus dessous, on oublierait, dans le premier moment, ce qu'on aurait de plus cher. Les abeilles, jetées tumultueusement dans la petite ruche qui avait été tournée et retournée en différents sens, avaient été dans un cas semblable.

Dans les premiers instants, chacun ne pensa qu'à soi ; mais quand elles furent pour ainsi dire revenues à elles-mêmes, elles commencèrent à songer à cette mère qu'elles avaient oubliée et méconnue.

.... Bientôt je fus forcé de reconnaitre que ce n'était pas sans fondement qu'on avait parlé des hommages que paraissent rendre les abeilles à celle qui doit produire une longue postérité, et qu'on avait parlé des soins et des attentions qu'elles ont pour elles.

La mère, avec sa petite suite, marcha vers un tas d'abeilles où elle disparut. Elle n'y resta pas longtemps sans venir se montrer encore sur la base de la ruche. A peine y fut-elle arrivée qu'elle se trouva entourée et suivie d'une sorte de cour qui grossit de moment en moment. Bientôt il se fit autour d'elle un cercle composé de plus de trente abeilles ; le rang de celles de devant s'ouvrait à mesure qu'il en était besoin pour lui laisser le passage libre. Quelques-unes s'approchaient plus près que les autres ; elles la léchaient avec leur trompe ;

d'autres étendaient leur trompe et la présentaient étendue à
la sienne pour lui offrir le miel dont elle était pleine. Je la
vis quelquefois s'arrêter pour sucer la trompe qui lui était
présentée, et je la vis quelquefois sucer en marchant celle
d'une autre mouche.

Pendant plusieurs heures, je vis, à un grand nombre de reprises différentes, cette même mère, toujours avec un cortège
de mouches qui semblaient désirer lui rendre des hommages
ou plutôt toutes espèces de bons offices....

## III

Notre essaim divisé nous a fourni la preuve qu'il n'est
point d'attachement qui puisse aller plus loin que celui
des abeilles pour leur reine. Nous croyons donc qu'on
ne désapprouvera pas que nous nous arrêtions à raconter son
histoire et à rapporter quelle fut sa fin.

.... Quoique le nombre des abeilles fut plus grand dans la
seconde ruche, sa capacité étant encore proportionnellement
plus grande, et sa forme encore plus favorable pour laisser
voir, à la fois, un plus grand nombre de mouches qu'elle con-
tenait, s'il y eut eu parmi elles une mère, il n'eût guère été
possible qu'elle pût m'échapper ; cependant je ne pus y en
découvrir. J'obligeai plusieurs fois les abeilles à se répandre
sur les carreaux de verre de façon qu'elles n'étaient en groupe
nulle part ; une mère n'eût guère été plus aisée à voir parmi
des abeilles étalées sur une table.... Il n'y avait donc réellement qu'une mère dans l'essaim.

Il nous reste à apprendre comment se comportèrent les

mouches qui étaient dans chacune des deux ruches. Le partage
de l'essaim avait été fait un samedi; vers quatre à cinq heures,
je fis porter la grande ruche sur une espèce de petite montagne
qui se trouve dans un de mes jardins de Charenton, et je fis
ouvrir les trous nécessaires pour donner aux mouches la liberté
de sortir et de rentrer.

A l'égard de la petite ruche, je lui fis passer la nuit dans
mon cabinet, pour ôter aux abeilles qui y étaient renfermées
toute occasion de rejoindre celles dont elles avaient été séparées
et pour leur en faire perdre le souvenir, si elles avaient du
souvenir. J'avais lieu de craindre qu'il leur prit envie de quitter
une habitation, où elles devaient se trouver à l'étroit, pour aller
trouver leurs camarades dont le logement était spacieux.

Le lendemain, dès le matin, je portai cette petite ruche
dans un jardin qui est séparé de celui où était l'autre ruche
par la rue, et je la plaçai au bas d'une terrasse qui est à l'entrée
du jardin. L'éloignement entre les deux ruches n'était grand
qu'en hauteur; mais les murs qui les séparaient étaient cause
que les mouches étaient peu à portée de se rencontrer, même
en l'air.

Celles de la petite ruche allèrent dès le même jour, dimanche,
à la campagne. Elles revenaient pourtant peu chargées de ces
poussières jaunes qui sont la matière de la cire; elles en avaient
seulement le corps poudré; elles n'en avaient point de pelotes
aux jambes postérieures. Aussi firent-elles très peu d'ouvrage
dans leur journée. Tout celui qui parut le soir était un petit
cordon qui régnait au haut de la ruche, le long de la moitié
d'un de ses côtés. On distinguait sur ce cordon des alvéoles
ébauché.

Le lundi matin, les mouches me parurent avoir pris plus de
cœur au travail; mais je ne pus les suivre, ayant été obligé
de partir, sur les huit heures, pour un voyage de quelques
lieues. Je sais au moins que, pendant mon absence, elles
firent un petit gâteau de cire qui avait quinze à seize cellules de

chaque côté, et qu'il fut fait avant deux heures de l'après-midi,
car vers ce temps elles abandonnèrent leur ruche. Ce fut
sur une grosse branche d'un poirier, qui n'en était pas éloigné,
qu'elles allèrent s'établir.

Je les y trouvai bien rassemblées et fort tranquilles lorsque
j'arrivai chez moi vers les sept heures et demie du soir. Je
les fis rentrer dans cette même ruche qu'elles avaient abandonnée.

Le mardi, à six heures du matin, je les y vis tranquilles.
Quelques-unes partirent pour la campagne quand l'air eut
commencé à s'échauffer, mais elles ne se mirent point à l'ouvrage. Vers les onze heures, temps où le mouvement eût
dû être grand dans la ruche, où les mouches auraient dû
travailler avec activité, je les vis toutes rassemblées en un
groupe, et toutes étaient tranquilles.

J'augurai mal d'un si grand calme ; il prouvait que mes
abeilles ne se trouvaient pas bien dans leur logement, qu'elles
ne daigneraient pas y faire des gâteaux de cire, qu'elles
l'abandonneraient bientôt une seconde fois. J'en fus engagé
à les observer avec plus d'attention pour voir à quoi elles se
détermineraient.

Il n'y avait pas un quart d'heure que je les considérais
lorsque je vis tomber la mère sur le fond de la ruche ; elle
s'était détachée du gros du groupe. Elle n'y fut pas plus tôt
que quelques douzaines d'abeilles vinrent, en bourdonnant, se
ranger autour d'elle. Le bourdonnement augmenta ; il sembla
devenir général. L'émeute se mit partout. En un instant le
groupe se divisa en petits pelotons qui se rendaient ou tom-
baient sur le fond de la ruche. Bientôt il n'y eut plus aucun
reste de groupes, aucune masse d'abeilles en repos. Alors
la mère s'avança vers la porte de la ruche ; quelques mouches
ordinaires sortirent ; elle-même sortit aussitôt, et à peine fut-
elle hors de la ruche qu'elle prit son vol. Dans l'instant
presque toutes les mouches se déterminèrent à voler avec

elle. A peine en resta-t-il en arrière une cinquantaine. L'air fut rempli d'un tourbillon de mouches qui, après avoir fait des circuits assez courts, se dirigea vers un pommier.

Dès que j'eus remarqué ce mouvement, je me portai en courant auprès de cet arbre. Je voulais tacher de découvrir la mère, de voir comment elle se conduirait dans une semblable occasion, si elle était de celles qui se poseraient des premières sur la branche choisie.

Quand j'arrivai, l'écorce de cette branche était déjà cachée par les mouches ; elles y formaient un petit massif. Cependant je pus voir la mère ; elle était toute seule, posée sur une feuille à trois ou quatre pouces de la branche où l'on s'attroupait. Il ne lui convenait pas apparemment de se mettre des premières, de se trouver sous tout le massif. Pour déterminer les abeilles à continuer de s'assembler dans cet endroit, il suffisait que la mère parût l'approuver en s'en tenant proche. Les abeilles qui étaient en l'air, qui formaient un tourbillon autour du pommier, se rendaient de moment en moment sur le massif commencé ; elles y restaient dès qu'elles s'y étaient appliquées.

Quand la masse fut devenue considérable, quand le plus grand nombre des abeilles s'y fut joint, la mère vola de dessus la feuille sur cette masse, et bientôt elle y fut couverte par des couches formées par les mouches que sa présence détermina à venir s'y fixer à leur tour.

.... Mes abeilles avaient leurs raisons et apparemment bonnes, pour ne pas se tenir dans la ruche, où j'avais aussi de bonnes raisons de les vouloir. Une habitation de si petite capacité ne devait pas leur paraître suffisante pour contenir la nombreuse postérité qui devait naître de la mère et la quantité de rayons de cire nécessaires à l'élever ; peut-être avaient-elles encore d'autres raisons meilleures qui m'étaient inconnues. Mais soupçonnant que leur nombre pouvait contribuer à les y faire trouver mal à leur aise, je me déterminai à n'en

faire passer qu'une partie dans la petite ruche. Du gros des
mouches, qui était attaché contre l'arbre, mon jardinier en
prit une poignée, qui pouvait contenir environ quatre à cinq
cents abeilles, et la mit dans la petite ruche, dont le carreau
qui servait de porte fut abaissé sur-le-champ.

La mère se trouva parmi celles qui furent renfermées et
séparées des autres.

A l'égard du reste de ces mouches et qui en était la partie
la plus considérable, je la fis entrer dans une espèce de boîte
qui pouvait servir de pied à la ruche, dans laquelle, lors de la
première division, avait été placée la plus grande partie de
l'essaim (les mouches sans mère), et je fis pratiquer une
ouverture qui put servir de communication entre la boîte et la
ruche.

Après avoir fait changer plusieurs fois de place la petite
ruche vitrée, afin de dérober aux mouches de la boîte la connaissance de l'endroit où on transportait leur reine, je me mis
en observation.

Tout me parut, à l'intérieur, dans la plus violente agitation.
La reine y était oubliée; je la vis parcourir seule toutes les
parties de la ruche.

Un peuple assez nombreux venait d'être réduit à très peu
d'habitants, et, comme s'ils eussent été inquiets de ce qu'ils
devaient devenir eux-mêmes, ils ne songeaient point à celle
qui semble les intéresser tant en d'autres circonstances. Pendant
plus d'un quart d'heure je vis la mère dans le plus grand
abandon, aller deçà et delà? Il semblait qu'on voulût la punir
de la fausse démarche qu'elle avait faite et qui avait causé la
dispersion de son peuple.

Mais si elle était abandonnée de celles qui, comme elle,
étaient captives, elle ne le fut pas de même de celles qui
étaient restées en liberté. Quelques-unes des mouches qui
s'étaient répandues dans l'air, pendant qu'on faisait entrer
leurs compagnes dans l'une et dans l'autre des ruches, vinrent

se rendre sur celle dans laquelle la mère était prisonnière.
Bientôt, d'autres mouches, de celles qui étaient libres, averties
soit par le bourdonnement qui se faisait dans la ruche, soit
par celui des mouches qui étaient dehors, ou par quelque
autre voix à moi inconnue, se rendirent sur la petite ruche.
En peu de temps, il s'y en assembla assez pour former tout
autour un tourbillon de mouches bien fourni. Elles se posèrent
dessus et firent des efforts pour s'introduire dedans, et, ne
pouvant y parvenir, parce que toutes les entrées leur étaient
bouchées, elles s'amoncelèrent sur les carreaux.

Il m'eût été aisé de repeupler en un instant cette ruche;
mais ce n'était pas mon intention, j'étais content du petit
nombre d'habitants qui lui étaient restés.

Je pris donc le parti de faire chasser doucement, avec des
branches chargées de feuilles, les abeilles attroupées dessus,
de faire chasser ensuite celles qui s'en approchaient pendant
qu'une personne la transportait, en lui faisant faire des circuits
propres à dérouter les mouches qui s'obstinaient à la suivre et
qui semblaient si fort désirer de se rejoindre à leur reine. Pour
ôter tout moyen de retrouver cette ruche aux mouches qu'on
en avait éloignées, je la fis porter dans mon cabinet, et alors
les mouches du jardin qui, inquiètes, volaient en l'air, n'eurent
plus d'autre.parti à prendre que de s'aller réunir à celles qu'on
avait fait entrer dans l'espèce de boîte dont nous avons parlé.

Tout cela se passa avant midi. Sur les trois heures, on me
proposa de faire porter la petite ruche sur la montagne de
mon jardin, auprès de la ruche dans laquelle la partie la plus
considérable de l'essaim avait été logée et où elle était sans
mère depuis près de trois jours. On était curieux de savoir si
les mouches, après trois jours, auraient encore conservé le
souvenir de cette mère qu'elles avaient perdue.

Cette expérience me paraissant mériter d'être faite, non
seulement je portai la petite ruche auprès de la grande, mais
je la posai même dessus.

A peine y eut-elle été un quart d'heure que les mouches qui sortaient de la grande ruche parurent avoir connaissance que la petite ruche renfermait leur reine, ou au moins une reine dont elles avaient besoin.

Quelques mouches se rendirent sur les carreaux de verre ; elles furent bientôt suivies de plusieurs autres. Dans quelques instants, elles y furent attroupées. Le nombre des mouches qui s'y rendaient devenait de plus en plus grand. Les carreaux ne tardèrent pas à être couverts de plusieurs couches de mouches posées les unes sur les autres. L'empressement de se réunir à la reine, de s'introduire dans l'endroit où elle était, parut devenir général. Toutes les mouches semblaient vouloir profiter de la bonne fortune qui leur était offerte. Enfin, il me parut que, pour peu que j'eusse différé à éloigner la petite ruche, il ne fût pas resté une seule mouche dans la grande.

Je ne voulais pas les en laisser toutes sortir, et il aurait pu être difficile de les y faire retourner.... Je fis donc chasser les mouches qui s'étaient amoncelées sur la petite ruche, et je dépaysai celles qui la voulaient suivre en la faisant transporter par des chemins tortueux jusque mon cabinet..... Sur les six heures du soir, je la reportai dans le jardin, où elle avait été en premier lieu, mais en la plaçant sur un appui assez éloigné de celui où elle avait été d'abord. J'ouvris une porte aux abeilles. Plusieurs partirent sur-le-champ ; elles allèrent à la campagne et revinrent à la ruche, mais j'observai bientôt qu'il en rentrait plus qu'il n'en sortait. La boîte propre à servir de pied à la grande ruche, et dans laquelle on avait fait entrer les mouches qui avaient été séparées, sur le midi, de celles de la petite ruche, était encore dans le même jardin, et les mouches, qui apprenaient ou par leurs compagnes, ou je ne sais par quels moyens l'endroit où était l'habitation de leur reine, s'y rendaient.

Je vis que la petite ruche était déjà redevenue plus pleine que je ne le voulais. Pour empêcher qu'elle ne le devînt encore davantage, je fis porter dans l'autre jardin la boîte où étaient les mouches qui avaient été séparées avant midi de leurs compagnes. Je la fis poser sous la grande ruche, c'est-à-dire que les mouches de la boîte furent mises à portée de se réunir à celles avec lesquelles elles avaient cessé de vivre en société depuis trois jours; elles s'y rejoignirent volontiers.

Le lendemain, mercredi, les mouches de la petite ruche se déterminèrent, pour une troisième fois, à l'abandonner sur les onze heures du matin.... Les premières qui voulurent s'arrêter choisirent pour se reposer une branche d'un poirier en buisson peu éloignée de la ruche. Le nombre de celles qui se placèrent dessus alla bientôt en augmentant. Je m'approchai de cette branche, et je vis la mère, toute seule sur une feuille, comme je l'avais déjà vue précédemment; mais il semblait que cette sortie ne fût pas faite d'un consentement général. Une bonne partie de la petite troupe resta à voltiger autour de la ruche qui venait d'être abandonnée; plusieurs mouches rentrèrent dedans: la mère elle-même parut ne pas trouver à son gré l'endroit qui avait été choisi. Elle s'envola, elle s'éleva en l'air, les autres la suivirent, et bientôt je vis les mouches rentrer en grand nombre dans la petite ruche sur le fond de laquelle je ne fus pas longtemps à distinguer la mère.

Ce retour me donna l'espérance de voir le petit nombre de mouches que j'avais laissé à cette ruche s'y établir à demeure. Il marquait qu'elles n'avaient plus pour ce logement la même répugnance qu'elles avaient eue auparavant....

.... Le jour suivant, jeudi, je vis, en effet, dès le matin, mes mouches dans l'état où je les voulais.... Celles qui revenaient de la campagne rapportaient à leurs jambes une bonne récolte de matière à cire. A onze heures, elles avaient commencé un gâteau de cire et en avaient déjà fini plusieurs alvéoles.... A une heure de l'après-midi, leur travail continuait; il faisait chaud alors. Le thermomètre marquait 19° et le soleil était brillant. Le plaisir que je prenais à observer le travail de ces mouches me fit oublier que la chaleur que je supportais avec patience ne serait pas soutenue de même par les actives ouvrières. Je me préparais cependant à recouvrir la ruche pour les mettre à l'abri de l'ardeur du soleil lorsqu'il s'éleva soudainement une émeute parmi elles.

Plusieurs se déterminèrent sur-le-champ à sortir de la ruche; je voulus en fermer la porte, mais leurs mouvements furent si prompts qu'avant que j'eusse eu le temps de faire descendre le carreau de verre antérieur, je vis sortir la mère, et toutes les autres mouches sortirent à sa suite.

Ce fut par cette quatrième partie que se terminèrent leurs aventures. La chaleur les détermina à s'élever beaucoup plus haut qu'elles n'avaient fait dans les sorties précédentes. Elles ne se rabattirent point sur les arbres où elles s'étaient arrêtées les autres fois; elles passèrent bien haut, par-dessus le mur, traversèrent la rue et se rendirent dans le jardin où est la montagne.

Au moment où elles y arrivèrent, un gros essaim venait d'être ramassé et mis en ruche, et l'air des environs était encore rempli d'abeilles agitées. Celles de la petite ruche passèrent dans le tourbillon même de ce reste d'essaim, et elles parurent se déterminer à se rapprocher de la ruche d'où il était sorti.

Je les vis voler autour de cette ruche pendant un demi-quart d'heure. Alors leur reine, qu'elles étaient tentées apparremment d'oublier pour une autre bien logée, vint se poser contre un mur, dans un endroit qui n'était éloigné que de six à sept pieds de cette ruche qui lui débauchait le peu qui lui était resté de ses sujets. Quelques-unes pourtant de ses mouches l'y allèrent rejoindre, mais la place était trop échauffée par les rayons du soleil pour qu'elle et sa suite y pussent rester. Elle partit, elle entra dans le tourbillon de la grande ruche; ses mouches et elle-même se déterminèrent bientôt à y aller établir leur domicile, car nous vîmes peu à peu diminuer le nombre des mouches qui étaient en l'air, et on n'en trouva nulle part d'assemblées hors de la ruche où elles étaient entrées. Il y en eut seulement une cinquantaine qui retournèrent à la petite ruche.

L'hospitalité fut mal exercée dans la ruche où un nouvel essaim très nombreux venait de s'établir. Les visiteuses n'y furent pas bien reçues; j'ai même lieu de croire qu'elles y furent toutes massacrées. Ce qui est sûr, c'est qu'à peine s'y furent-elles introduites qu'il s'éleva un bourdonnement considérable qui prouvait que tout s'y mettait en grande émeute. J'eus bientôt la preuve que cette émeute ne se passait point sans carnage.

.... Je vis des mouches mortes ou mourantes que d'autres mouches portaient hors de la ruche. Je vis des combats à mort qui se livraient dehors même de cette ruche. Enfin, depuis une heure et demie, heure à laquelle les mouches de la petite ruche s'introduisirent dans la ruche de l'essaim, jusqu'à cinq heures du soir, la tuerie fut grande....

# IV

Attentif jusqu'ici à suivre toutes les démarches et toutes les aventures des mouches qui avaient été mises dans la petite ruche portative et vitrée, nous n'avons rien dit et nous aurons peu de chose à dire de celles qui composaient la plus grande partie de l'essaim dont les premières furent séparées.

Elles parurent d'abord se trouver bien dans la grande ruche vitrée qui leur avait été donnée pour logement. Dès le matin du jour qui suivit celui où elles y avaient été mises, j'en vis

plusieurs sortir, aller à la campagne et en revenir ; mais elles
en revenaient sans apporter aucune matière à cire ; elles conti-
nuèrent ainsi les jours suivants à se tenir tranquilles dans leur
logement ; le nombre de celles qui en sortaient était petit, et
aucune ne rapportait des matériaux propres à faire des
gâteaux. Aussi, quoique le nombre des ouvrières fût grand,
quoiqu'elles ne parussent aucunement songer à quitter leur
habitation, six jours se passèrent sans qu'elles y eussent
fait aucun ouvrage, sans même qu'elles y eussent fait un
seul alvéole.

Pendant ces six mêmes jours, les compagnes dont elles
avaient été séparées, bien qu'en très petit nombre, bien que
mises dans une ruche qui ne leur plaisait pas et qu'elles abandonnèrent plusieurs fois, ne laissèrent pas que d'y travailler....

De là, il semble que les abeilles soient déterminées au travail
par un motif pareil à un des plus louables qui nous puisse
faire agir par le seul amour de la postérité.

Celles qui se trouvent avec une mère qui doit donner
naissance à des milliers d'abeilles qui leur ressembleront
construisent les alvéoles nécessaires pour recevoir les œufs ;
elles en construisent de capables de contenir du miel, elles
les remplissent. Plus tard elles prendront tous les soins, elles
se donneront toutes les peines imaginables pour élever les
vers qui sortiront de ces œufs ; jusqu'à ce qu'ils soient en
état de se transformer en nymphes.

Les abeilles, au contraire, qui n'ont point parmi elles une
mère capable de mettre au jour une nombreuse postérité, ne
daignent pas faire le moindre ouvrage : elles se contentent de
vivre au jour la journée, d'aller prendre leurs repas dans la
campagne sans s'embarrasser de faire des provisions dans la
ruche. En un mot, il semble évident que ce n'est pas pour
elles-mêmes qu'elles travaillent et qu'elles font des récoltes.

.... Au bout des trois semaines, à peine la ruche sans
mère comptait-elle un millier de mouches, et quelques jours

après, un matin, je trouvai celles qui restaient mortes sur la base de la ruche. Toutes avaient péri sans avoir fait le plus petit gâteau de cire.

Cette expérience, que j'ai répétée plusieurs fois, m'a toujours donné le même résultat : la partie de l'essaim ayant une mère a prospéré, la partie sans mère a misérablement péri.

Mais si dans une ruche il n'y a pas eu de mère, ou que cette mère ait péri par une cause ou par une autre, il suffit d'introduire au sein de la petite république en désarroi une autre mère pour qu'aussitôt le calme renaisse, l'ordre et l'activité se rétablissent.

Il m'a été prouvé, en effet, que les abeilles s'intéressent pour toute mère, que cette mère soit née au milieu d'elles ou qu'elle leur soit étrangère; ce fait m'a été prouvé par un incident fort singulier et propre à apprendre que la vie de toutes leurs compagnes n'est rien pour elles en comparaison de celle d'une mère.

On sait que souvent les mouches ordinaires, telles que celles de la viande paraissent noyées sans l'être réellement; qu'après être sorties de l'eau aussi incapables de se mouvoir que si elles étaient mortes, elles se raniment, elles reprennent leur première vigueur; si on les a ressuyées et réchauffées peu à peu.

Il en est souvent de même des abeilles; un jour je retirai de l'eau une mère qui semblait morte ; elle avait été même estropiée, une partie d'une jambe lui manquait. Malgré le fâcheux état dans lequel elle se trouvait, je crus devoir tenter de la rappeler à la vie. Je la plaçai dans un poudrier de verre, et je mis avec elle sept à huit abeilles qui avaient paru noyées et que j'avais fait revivre à demi, et quatre à cinq autres mouches qui paraissaient aussi mortes que la mère. Ces abeilles appartenaient à une autre ruche que la reine.

J'approchai le poudrier du feu, et un peu après, je pris ma loupe. La mère ne bougeait pas, mais je remarquai avec plaisir

que, dès que quatre à cinq des autres abeilles eurent pris un
peu de vigueur, elles vinrent se ranger autour de cette mère,
comme si elles eussent été touchées de son état, comme si elles
eussent voulu lui donner les secours qu'elles croyaient pouvoir
lui être utiles.

Elles ne cessaient de la lécher avec leur trompe, et cela
successivement en différents endroits de son corps, de son
corselet et de sa tête. Tandis qu'elles prenaient tous ces soins
pour une étrangère, elles ne tenaient aucun compte de leurs
anciennes compagnes qui étaient, tout auprès, mortes ou
mourantes. Enfin elles semblaient espérer, autant qu'elles le
désiraient, que la mère se ranimerait, et leurs espérances
étaient fondées.

A peine eut-elle donné les premiers signes de vie qu'on
entendit s'élever un bourdonnement dans ce poudrier où, dans
les moments précédents, il n'y avait pas le moindre bruit....

C'était comme un chant de réjouissance, et les abeilles
eurent lieu de le continuer, car la mère reprit ses forces peu
à peu, et malgré sa jambe estropiée, elle devint en état de
marcher, elle marcha, et je pus l'introduire le lendemain
dans une ruche, où je la vis accueillie réellement en souveraine.

Ruche.

# LES GUÊPES

E que nous avons dit des abeilles ne sauraient manquer de nous indisposer contre d'autres mouches qui les tuent impitoyablement et même les mangent toutes vives, contre les guêpes.

Les guêpes n'ont guère été connues pendant bien des siècles, et elles ne le sont guère encore de beaucoup de gens, que par les ravages qu'elles font dans les fruits de nos jardins et que comme des mouches dont l'approche est à redouter.

Quoique les abeilles soient armées d'un aiguillon, elles doivent être regardées comme un peuple pacifique qui, occupé continuellement de ses travaux, ne cherche point à attaquer et ne songe qu'à se défendre, et qui enfin ne se nourrit point aux dépens d'autrui.

Les guêpes, au contraire, peuvent paraître un peuple féroce qui ne vit que de rapines et de brigandages.

Nous nous condamnerions cependant nous-mêmes en les jugeant avec tant de rigueur. Contentons-nous donc de les regarder comme des mouches guerrières qui, ainsi que nous, croient avoir droit pour se nourrir sur les fruits que la terre produit et sur les animaux qui l'habitent, auxquels elles sont supérieures en force.

« Les guêpes forment une tribu de l'ordre des insectes hyménoptères, section des porte-aiguillon. Elles sont répandues dans toutes les parties du monde ; mais toutefois elles sont plus abondantes dans les régions les plus chaudes du globe.

» On en connaît un grand nombre d'espèces; toutes offrent des couleurs jaunes ou ferrugineuses sur un fond noir. Il y a trois ordres d'individus parmi les guêpes : les femelles et les

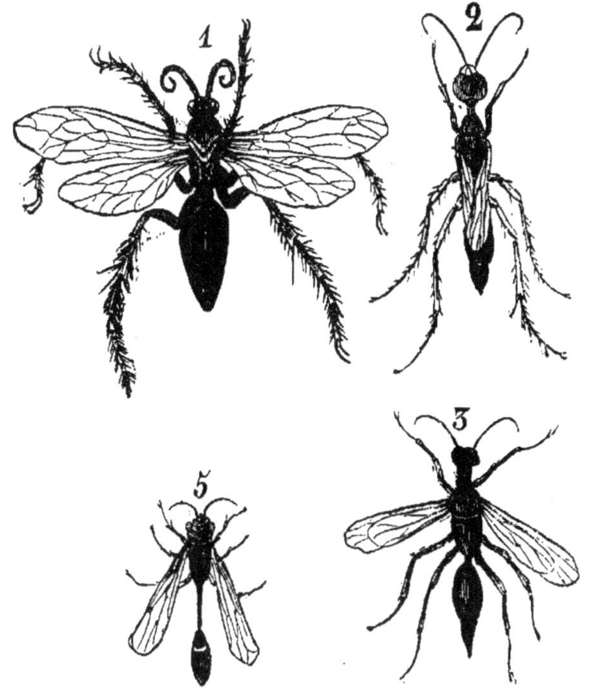

1. Guêpes de la grande espèce, ailes écartées; — 2. la même avec les ailes repliées; — 3. variété couleur vert changeant; — 5. variété remarquable par la longueur de l'espèce de fil qui joint le corps au corselet et dont un des principaux est le sphex des sables.

neutres sont pourvues d'un aiguillon redoutable; les mâles n'ont pour mission que de féconder les femelles, et ce sont les ouvrières ou neutres qui donnent leurs soins aux larves, et qui construisent les habitations propres à les abriter.

» Ces insectes vivent en famille, mais non comme les

abeilles ; car, tandis que chez les abeilles les sociétés sont permanentes; il n'en est plus de même chez les guêpes, où il n'y a que des sociétés annuelles, qui ne vivent pas sous les lois d'une seule reine comme le font les abeilles (1). »

« A la fin de la belle saison, les guêpes ouvrières périssent ainsi que les mâles. Il ne reste que quelques jeunes mères, qui vont chercher un abri, soit dans les fentes des murs, soit dans la terre, soit dans les arbres, afin de perpétuer l'espèce au printemps.

» L'aiguillon, qui, chez l'abeille, n'est qu'une arme protectrice de son travail, devient ici un instrument de rapine , car lorsque les fruits, sur lesquels les guêpes viennent ordinairement chercher la nourriture de leurs petits, manquent, elles se jettent sur d'autres insectes, voire même sur les abeilles....

» Les habitations construites par les guêpes sont fort remarquables.

» La plus grande espèce, le *frelon*, dont la piqûre est redoutable, fait son nid soit dans les greniers, soit dans les cavités des vieux murs, soit dans les arbres creux; ce nid commence par un pied ou pilier situé au sommet de la cavité choisie pour demeure, et qui reçoit une calotte destinée à faire l'office de toit; en dedans de cette calotte, le pilier est prolongé et reçoit le premier gâteau de cellules.

» Ces cellules ont leur ouverture tournée en bas.

» La matière qui sert à cette construction est l'écorce de frêne, que les frelons enlèvent par longs filaments sur les jeunes branches et sur les tiges bien lisses, et qu'ils broient avec leurs mandibules pour en former une espèce de carton mince et solide à la fois, ressemblant à du feutre gris.

» A mesure que la société augmente, de nouveaux gâteaux se joignent au premier; l'enveloppe s'agrandit et finit par entourer tout le nid, en ne laissant qu'une ouverture, souvent fort petite, par laquelle les frelons entrent et sortent.

(1) *Dictionnaire d'histoire naturelle.*

» Les nids des frelons ne renferment guère que de cent cinquante à deux cents habitants.

» La *guêpe commune* est beaucoup plus petite que le frelon et fait son nid sous terre ; elle est très habile à excaver la terre ; elle pratique un souterrain spacieux à un pied ou un pied et demi de profondeur ; quelquefois même elle profite des souterrains que se creuse la taupe.

» Mais il ne faut pas croire qu'elle se contente des parois de

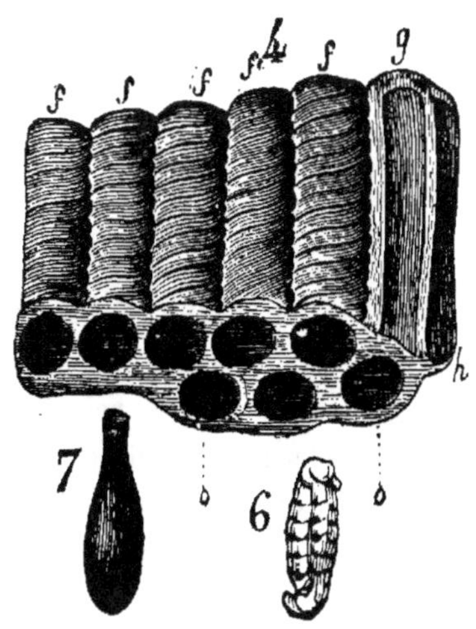

1. Nid de la guêpe, entrées en dessous ; — *f*, fond des trous ; — *g*, *h*, deux trous vus dans toute leur longueur ; — 6. cocon de la guêpe ; — sa larve.

la cavité qu'elle a choisie ; elle commence aussi par construire une enveloppe attachée au sommet ; car c'est toujours en descendant que les guêpes bâtissent.

» Cette enveloppe, qui atteint vingt à vingt-cinq millimètres d'épaisseur, est composée de plusieurs feuilles aussi minces que du papier ; on en compte quelquefois quinze ou seize.

» C'est avec des filaments de bois que la guêpe construit

son nid ; elle les pétrit et les humecte, et en forme une boule
molle qu'elle tient avec les deux pattes antérieures, et qu'elle
applique en marchant à reculons.

» L'intérieur du nid se compose de plusieurs gâteaux à peu
près horizontaux et parallèles, .disposés par étages. Ces
gâteaux ne sont pas appuyés immédiatement contre les parois
de la cavité, mais sont préservés de l'humidité par une enveloppe de carton d'un pouce d'épaisseur qui recouvre les parois.

» Une galerie étroite, et plus ou moins longue, conduit à
l'entrée de la petite ville souterraine. Un guêpier un peu grand
contient de quinze à seize mille cellules.

» Les ouvrières s'occupent beaucoup des larves, et les nourrissent en leur donnant une nourriture qu'elles ont déjà
ramollie dans leur bouche.

» Il faut à peu près un mois pour que la guêpe arrive à
l'état complet. La cellule qu'elle quitte ne reste pas longtemps
vacante ; elle est nettoyée et reçoit un nouvel œuf. Mais vers
la fin d'octobre, les guêpes, au lieu de nourrir les larves, ne
s'occupent plus qu'à les jeter hors du nid et à les tuer ; elles
en font autant aux nymphes : c'est un véritable massacre.

» La piqûre de la guêpe commune est bien moins forte que
celle du frelon, mais cependant plus douloureuse que celle de
l'abeille ; l'aiguillon des femelles est plus long que celui des
ouvrières, et fait plus de mal.

Malgré leur force et leur arme meurtrière, les guêpes sont
exposées aux attaques d'ennemis bien faibles et désarmés,
qui fond cependant de grands ravages parmi leur progéniture.
Ainsi les volucelles vont pendre leurs œufs dans les nids des
frelons et leurs larves dévorent celles de ces derniers. Il en
est de même de la guêpe commune, dans le nid de laquelle
pénètrent les conops, sans rencontrer d'obstacles de la part des
habitants.

» Un autre ennemi, le xénos, s'introduit entre les segments
de l'abdomen des polistes et y reste à demeure de manière à

faire périr l'insecte attaqué dont les viscères sont envahis par l'abdomen du parasite (1). »

Les guêpes dégorgent un miel aussi agréable au goût que

Sphex des sables.

celui de nos abeilles, mais en moins grande quantité. Une espèce américaine, du genre poliste, produit un miel vénéneux, ce qui tient aux plantes sur lesquelles l'insecte récolte ses matériaux.

(1) *Encyclopédie du XIX⁰ siècle.*

# TABLE DES MATIÈRES

# TABLE ANALYTIQUE DES VIGNETTES

## CONTENUES DANS CE VOLUME

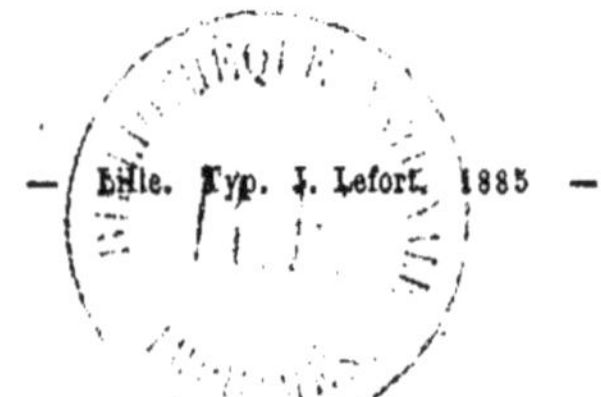

— Lille. Typ. J. Lefort. 1885 —

www.ingramcontent.com/pod-product-compliance
Lightning Source LLC
LaVergne TN
LVHW012000180726
843502LV00005B/1485